丽芸3号

丽芸3号结荚部位

V形架

"人"字形架

露地地膜覆盖栽培

早春地膜加小拱棚覆盖栽培

杀虫灯

莲都区碧湖菜豆生产基地

松阳高山菜豆生产基地

无公害菜豆高效栽培

吴学平　刘庭付　刘日华　主编

中国农业出版社

图书在版编目（CIP）数据

无公害菜豆高效栽培／吴学平，刘庭付，刘日华主编 . —北京：中国农业出版社，2017.9
ISBN 978-7-109-23267-9

Ⅰ. ①无… Ⅱ. ①吴…②刘…③刘… Ⅲ. ①菜豆－高产栽培－无污染技术 Ⅳ. ①S643.1

中国版本图书馆 CIP 数据核字（2017）第 199185 号

中国农业出版社出版
（北京市朝阳区麦子店街 18 号楼）
（邮政编码 100125）
责任编辑　郭晨茜　孟令洋

中国农业出版社印刷厂印刷　新华书店北京发行所发行
2017 年 9 月第 1 版　2017 年 9 月北京第 1 次印刷

开本：880mm×1230mm 1/32　印张：4.375　插页：1
字数：120 千字
定价：15.00 元
（凡本版图书出现印刷、装订错误，请向出版社发行部调换）

编　写　人　员

主　　编： 吴学平　　刘庭付　　刘日华
副 主 编： 马瑞芳　　吴青华　　张素娥
参编人员（按姓氏笔画排序）：
　　　　　　马方芳　　王　杰　　叶仁华
　　　　　　朱建明　　邱丁莲　　张典勇
　　　　　　张善华　　陈志航　　林更生
　　　　　　罗小平　　徐国强　　高文武
　　　　　　高青梅　　黄金泉

目　　录

目 录

第一章 概　　述

一、菜豆的栽培史及分布

菜豆（*Phaseolus vulgaris* L.）别名四季豆、芸豆、玉豆等，属豆科（Leguminosae）蝶形花亚科（Papilionideae）菜豆属（*Phaseolus*）的草本植物，主要以食用嫩荚为主。菜豆有两大起源中心，即墨西哥及中美洲中心和南美洲中心，并陆续由这两大起源中心传播世界各地。16世纪传入欧洲、非洲和印度。据《本草纲目》（1578）中记载，我国栽培菜豆是15世纪直接从美洲引进。1654年归化僧隐元禅师将菜豆从中国传到日本。

菜豆在世界各国和地区栽培普遍，是蔬菜生产中主栽品种之一，也是世界上食用豆类栽培面积最大的品种。据联合国粮农组织1990年生产年鉴报道。全世界有90多个国家和地区种植菜豆，总播种面积超过3.96亿亩*，占全部食用豆类播种面积的38.3%，总产量达1 629.4万吨，占全部食用豆类总产量的27.4%。印度是世界上菜豆生产面积最大的国家，1990年其菜豆播种面积和产量分别占世界的37%和24.5%。亚洲是世界菜豆最大产区，其中印度、中国、泰国、缅甸等国家播种面积较大。

我国菜豆栽培区域广泛，主要分布于黑龙江、内蒙古、山西、陕西、四川、云南、贵州、浙江、广东、广西和海南等省、自治区，其他各省份都有栽培。据农业部1994年统计，我国菜豆播种面积为138.89万亩，总产量达359.53万吨。另有报道，目前中国菜豆的产量已经居世界首位，栽培面积仅次于大豆，是主要的蔬菜种类，深受广大消费者的青睐。

---

* 亩为非法定计量单位，15亩＝1公顷——编者注。

二、菜豆的营养及保健价值

菜豆主要以嫩荚和成熟的种子供食用，营养丰富。菜豆嫩荚富含碳水化合物、蛋白质、膳食纤维素及人体所需的多种维生素、氨基酸和矿物质。每 100 克菜豆嫩荚热量为 2 048 千焦，含有水分 88～95 克、蛋白质 1.1～3.2 克、脂肪 0.8～1.0 克、碳水化合物 2.3～6.6 克、粗纤维 0.3～1.6 克、胡萝卜素 0.1～0.04 克和烟酸 0.7 毫克、赖氨酸 129～176.3 毫克、亮氨酸 147.1～195.2 毫克、钙 20～61 毫克、磷 46 毫克、钾 182 毫克、铁 1.3 毫克、镁 34 毫克，以及维生素 B_1、维生素 B_2、维生素 B_6 等。菜豆籽粒除营养丰富和食味佳外，传统医学认为菜豆具有消暑化湿、健脾和中，以及治食少久泻、水停消渴、暑湿吐泻、脾虚呕逆等功效。菜豆种子中的植物细胞凝集素，能凝集人体细胞，促进有丝分裂和核糖核酸的合成，抑制白细胞、淋巴细胞的移动。菜豆富含蛋白质和人体必需的多种氨基酸，经常食用可健脾胃，夏天还有消暑功效。因此，随着人民生活水平的提高，营养和保健价值高的菜豆将会越来越受到人们的喜爱。

生菜豆的嫩荚、种子内含有一定量的生物碱和皂素，食用未炒熟的菜豆会出现头痛、恶心、呕吐以及腹痛等症状。因此，食用菜豆一定要充分煮熟。

三、菜豆的经济和社会效益

菜豆生育周期短，生长快，栽培简便，投资少，见效快，经济效益好。据调查，浙江杭州笕桥蔬菜批发交易市场菜豆的成交平均价格：2014 年 7～9 月为 2.02 元/千克；2014 年 12 月至翌年 4 月为 4.29～6.00 元/千克。一般保护地早春菜豆栽培每 667 米² 产值达 5 000 元以上，高者达 8 000 元以上。浙江省遂昌、龙泉、武义、临安等县市，在海拔 500 米以上的高山地区，利用夏季气候凉爽、昼夜温差大，生态环境优越，劳动力充裕以及土地资源丰富的优势，建立规模化无公害菜豆生产基地，在7～9月市场蔬菜淡季上市，每667米^{2}平均产值达6 000～8 000元，高者产达12 000元以上。例如浙江省丽水市遂昌县年栽培山地菜豆面积2万亩，实现产值1.24亿元，每亩土地平均产值达到6 200元，高者超过1.4万元，产区农民人均增收6 888.9元。菜豆生产已成为浙江山区农民脱贫致富的主要途径之一。

第二章　菜豆形态特征和优良品种

一、菜豆形态特征

（一）根及根瘤

菜豆根系较发达，主根形状如圆锥，可深达 90 厘米以上，侧根分布直径达 60～80 厘米。主、侧根容易木栓化，再生能力较弱，所以菜豆栽培采用直播较多。随着菜豆种子发芽，主根不断向土中延伸。播种 1 周后，当子叶出土时，主根已伸达地表下 20 厘米左右，同时主根上着生 7 条以上侧根。播后 1 个月后，当植株高30～40 厘米时，主根可深入地下约 60 厘米以上，扩展半径可达 80 厘米左右，同时生出大量侧根，侧根多数分布在地表下 15～20 厘米范围内。当植株结荚时主根可深达 90 厘米以上，侧根群仍主要分布在表土下 15～40 厘米范围内。

菜豆根上着生根瘤，但其根瘤不如其他豆类发达。一般出苗后 10～20 天便开始形成圆形或不规则形根瘤，多单生，也有簇生，直径 2～6 毫米，开花、结荚期是根瘤形成高峰期。据研究，菜豆生长所需要的氮素，约有 2/3 是由根瘤菌吸收固定空气中游离氮提供的，另外 1/3 是从土壤中吸收的。植株长势越强，根瘤数量越多，固氮作用也越大。在根瘤中，肉红色根瘤比黄色或暗褐色根瘤固氮能力强。据研究，根瘤菌的多少和大小受二氧化氮（NO_2）和硝态氮浓度的影响。当 1 升菜豆培养液中含 1 毫摩尔硝酸根离子，而 NO_2 浓度为 0 时，菜豆平均单株根瘤最重（2 560 毫克）；而 NO_2 浓度为 0.02 微摩尔/升时，平均单株根瘤数最多（869 个）。此外，根瘤着生多少与温度及土壤理化性状密切相关，当温度在 23～28℃时，根瘤发生多、固氮能力强；在 13℃以下，几乎没有根瘤。在土壤疏松、通气好、肥水适宜的条件下，根瘤着生多、发育好。

（二）茎

菜豆茎为草质茎，茎蔓纤细，茎表面光滑或被有短的柔毛，有棱，横切面近正方形或不规则形。菜豆幼茎的颜色分为绿色、浅红色、紫红色三种。幼茎长大后多数为绿色，少数为紫红色。

菜豆茎按其生长习性可分为蔓生和矮生两大类型。蔓生类型菜豆茎，其生长点为叶芽，在环境条件适宜的情况下，主茎可长至2～4米及以上，生长势强，主茎节数可达15～40节。一般第三节至第四节节间开始伸长，呈左旋蔓，需支架栽培和适当引蔓上架，侧枝发生较少，通常1～6个，进行人工摘心能促进侧枝发生与生长。矮生类型菜豆茎直立，株高20～60厘米，节间短，特别是基部的节间只有2～3厘米，自5～8节后生长点分化为花芽，不再继续伸长，并在主蔓各节的叶腋发生分枝，各侧枝生长数节后，生长点也分化为花芽，停止生长。

（三）叶

菜豆的叶分为子叶、初生叶和真叶。

1. 子叶　子叶肥大且左右对称，乳白色，呈肾形。种子发芽后，子叶随胚珠的伸长露出地面，子叶在胚胎形成过程中已经形成，内含丰富的营养物质，供种子萌发出苗之需。子叶含叶绿素，出土转绿后能进行光合作用。

2. 初生叶　初生叶是在子叶展开后，长出的第一叶和第二叶，为左右对生单叶，心脏形，可进行正常的光合作用。

3. 真叶　初生叶以后各节长出的叶片，叶柄长10～25厘米，具沟状凹槽，由3片小叶组成的三出复叶。小叶呈卵形或心脏形，全缘，前端尖，叶面和叶柄有茸毛。小叶柄很短，在叶柄基部茎节处左右各有一片舌状小托叶。菜豆叶片具有自动调节受光面的功能。

（四）花

菜豆的花为总状花序，花梗自叶腋或茎顶抽生，每花序有花2～5对，每对左右对生。花为蝶形花，长1.0～1.5厘米，由5瓣组成，最上部为旗瓣，左右两边是翼瓣，在中央下部的两片是龙骨瓣，呈螺旋状弯曲包裹着雄蕊和雌蕊。雄蕊10枚，雌蕊先端扭转成环状，柱头上着生很密的茸毛。花柱长，子房一室，内有5～12个胚珠。花色变异较多，因品种不同，有白、乳黄、紫色、浅红等色。

菜豆为自花授粉作物，一般自然杂交概率低于1%。雌蕊在开花前3天就已经具备受精能力，而在开花前1天受精结荚率最高。菜豆一般常在开花前数小时即完成自花授粉，在授粉4小时后受精率可达80%左右，但成荚率较低，一般仅有20%～50%。

菜豆从现蕾到开花约5天，一般凌晨2时开始开花，5：00～10：00为花开放时间，之后少有花开放。菜豆植株通常在4～5节着生第一花序，以后每节或隔节着花，蔓生类型菜豆单株着花数为80～200朵，矮生菜豆为30～80朵，春季比秋季着花数要多。同一花序内，基部第一节花开始，依次向上开放，每朵花开放1～2天。一般是1～2节的花成荚后，3～4节的花开放；3～4节花着荚后，1～2节菜豆达商品成熟。

（五）荚

菜豆的豆荚为圆棍形或扁圆形，直或稍弯曲，先端有0.7～1.5厘米长的喙，喙的形状为品种特征之一，一般矮生菜豆品种喙稍长些。豆荚长7～25厘米，宽1.0～1.6厘米，表皮上密生软毛，嫩荚有绿色、浅绿色、紫红色、紫红花斑纹等不同颜色，成熟时则为黄白色，完熟时就成黄褐色，不久开裂。荚壁由外表皮、中果皮、内果皮、内表皮组成。豆荚两边沿有腹缝线和背缝线，荚内两缝线处均有维管束。荚内靠近腹缝线处有着生种子的胎座，各个种子间有横隔膜。菜豆荚果生长发育时种子不发育，在荚果停止伸长后，荚果内的种子开始发育。嫩荚是在种子开始发育而尚未成熟时采收，品质最好、产量最高。

（六）种子

菜豆种子由种皮、子叶和胚三部分组成，种子侧面有一明显白色种脐，有些品种具有各色脐环。种皮硬、光滑，占种子总重量的7%～9%。种子胚由胚芽、胚轴和胚根组成。子叶着生在胚轴两侧，把胚轴分为上、下胚轴。在种子萌发阶段，随着下胚轴的伸长，子叶被顶出土面。

菜豆种子形状有圆形、椭圆形、肾形、扁圆形、卵形等，但多数呈肾形。按种皮颜色可分为红、黄、白、褐、黑及花斑纹色品种，生产上以白籽、黑籽、褐籽居多。种子大小差异很大，按籽粒大小分为大粒种（千粒重 500～800 克）、中粒种（千粒重 300～500 克）、小粒种（千粒重 300 克以下）。

菜豆豆荚内的种子数因品种和着荚的位置而异，一般蔓生菜豆比矮生菜豆内的种子数量多。同一品种内，植株下部结的豆荚荚内种子数多于上部结的荚。发育正常，充分长大的豆荚，每荚一般有种子 4～9 粒。

菜豆种子在一般贮藏条件下可以存放 3 年，使用年限为 1～2年，时间过长，发芽率降低很快。

二、菜豆类型和主要优良品种

菜豆种质资源丰富，品种类型多种多样。根据生育期长短，可将菜豆分为早熟、中熟和晚熟 3 种类型。按照茎蔓生长习性可分矮生、蔓生和半蔓生 3 种类型，一般生产上以矮生和蔓生类型品种居多。

（一）矮生类型

矮生类型又称有限生长类型。植株矮小而直立，主蔓生长数节后顶端形成花芽，不再继续伸长，分枝力较强，主蔓各节叶腋处发生侧枝，一级侧枝上又形成二级侧枝，各侧枝生长数节后，生长点又分化为花芽，停止生长。矮生类型菜豆生长期短，开花和成熟较早，收获期短而集中，一般产量较低，品质不如蔓生品种。适合于机械化采收和保护地早熟栽培。露地栽培可与其他高秆蔬菜进行间、套作。主要品种有：美国供给者、法国青刀豆、台湾2号、优胜者、农友早生、优宝4号等。

1. 美国供给者 从美国引入，生长势较强，株高40厘米左右，开展度约50厘米。植株5～6节封顶，有4～6个分枝。开花多，花浅紫色。荚果密集，单株结荚数30个左右，肉厚，质脆，纤维少，品质好。嫩荚圆棍形，绿色，荚长12～14厘米左右，横茎1厘米，单荚重8～10克。每荚有种子4～6粒，种皮紫红色，百粒重35克左右。从播种至收获55天左右，为早熟品种，抗病、丰产、适应性强。适合春季早熟或秋季延迟栽培，一般春播亩产1 000～1 500千克。

2. 法国青刀豆 自法国引进，生长势中等，分枝性较强，株高40厘米左右。叶绿色，花淡紫色。嫩荚绿色，圆棍形，先端稍弯，长16厘米左右，单荚重8～9克。荚肉淡绿色，肉厚，纤维少，品质好。种子粒大，肾形，淡棕色。从播种至始收55天左右，为早熟品种。抗病，丰产，适于春季早熟或秋季延迟栽培，亩产1 000千克左右。

3. 台湾2号 株型矮生直立，株高40～50厘米，分枝多。茎浅绿色，细长而中空。花白色，自下而上开花。荚果圆棍形，青绿色，荚长8～10厘米，直径1厘米左右。肉厚细嫩，纤维少，口感好。亩均产量800～900千克。加工品种。

4. 优胜者 1976年自美国引进。长势一般，株高38～40厘米，封顶节位5～6节，结荚多而集中，花浅紫色。嫩荚浅绿色，近圆棍形，先端稍弯，荚长14～16厘米，宽1厘米多，厚近1厘米，单荚重10克左右。嫩荚纤维少，肉厚，易煮烂，品质好。100克嫩荚含干物质9.3克、粗蛋白2.03克。老熟荚面有浅紫色条纹，每荚有种子 5～6 粒，淡肉色，上有淡棕色细纹，百粒重 35 克左右。早熟，耐热，适应性强。

5. 农友早生 台湾农友种苗公司育成。植株长势较强，早熟，播后 45～50 天开始收获。白花，绿荚，圆棍形，长 10～12 厘米，宽 1 厘米左右，品质优。加工、鲜食兼用。

6. 优宝 4 号 浙江之豇种业有限责任公司育成的加工型四季豆品种。矮生，植株生长健壮，生长势强，植株高 45～50 厘米。主枝 5～6 节封顶，分枝 4～5 个，早熟，生长期 60 天左右。一次性采收，单株结荚 30～40 条，在浙江采用分次分批采收，还可以提高结荚数和产量。嫩荚深绿色，圆棍形，条形直，美观。荚长 11～12.5 厘米，粗 6～7 毫米，嫩豆荚平均重 4 克左右。纤维少，味鲜嫩，风味好，品质极佳，适合速冻、脱水等加工出口。种子较小，白色，千粒重 140 克左右，每亩用种量比一般矮生菜豆减少 1/4～1/2。

（二）蔓生类型

蔓生类型又称无限生长类型。主蔓为无限生长型，顶端通常为叶芽，生长势强，最初数节节间短，可以直立生长，其后主蔓生长加快，节间伸长，成为蔓生，需支架栽培和适当引蔓上架。在主蔓生长的同时，基部每节或隔节均可着生花序和腋芽，腋芽会抽生侧枝，花序着生于叶腋，自着花节后，可不断开花结荚，生长期长，产量高，品质优。主要品种有：丽芸 2 号、碧龙菜豆、超长四季豆、浙芸 3 号、浙芸 5 号、红花青荚、春丰 4 号、川红架豆、珍珠架豆、红花白荚四季豆等。

1. 丽芸 2 号 浙江省丽水市农业科学院作物研究所育成。植株蔓生，早熟，长势较强，单株分枝数约 2.5 个。顶生小叶长、宽分别为 11.4 厘米和 10.4 厘米，叶柄长 10.5 厘米，节间长 15.0 厘米。主蔓第三至五节着生第一花序，花紫红色，嫩荚扁圆形、浅绿色，一般荚长 20 厘米、宽 1.1 厘米、厚 0.98 厘米，每花序可结荚 2～6 个，平均单荚重 11.8 克左右。豆荚炒食糯性好、微甜，品质佳。播种至始收 50～60 天，采摘期 55～60 天，平均亩产量 1 600 千克以上。

2. 丽芸 1 号 浙江省丽水市农业科学院作物研究所选育。植株蔓生，中早熟，生长势较强，始花节位于第五节，花紫红色。嫩荚扁圆形，浅绿色，荚长 17.2 厘米，宽 1.1 厘米，厚 0.98 厘米，荚内种子 4～9 粒，颜色黑色，单荚质量 10.8 克左右，嫩荚不易鼓粒和纤维化。播种至始收 56～60 天，植株不易老化，亩均产量 1 600 千克。春、秋均可种植，选择易排灌的壤土或沙壤土，与非豆科作物轮作。

3. 碧龙菜豆 中国农业科学院蔬菜花卉研究所选育。植株蔓生，生长势旺，侧枝抽生能力强。主蔓第四至六节着生第一花序，花白色。嫩荚扁条形，绿色，长 21～25 厘米，宽 1.7～1.9 厘米，厚 1 厘米左右，单荚重 16 克左右。种子白色，肾形。嫩荚纤维少，脆嫩，味甜，品质优。

4. 超长四季豆 中国农业科学院蔬菜花卉研究所选育。植株蔓生，生长势强，株高 3 米左右，中晚熟品种。花白色。嫩荚长 22～25 厘米、宽 1.2 厘米、厚 1.4 厘米左右，长圆条形，稍弯，浅绿色。每荚有种子 6～8 粒，种子间隔距离较大，种子筒形，褐色，千粒重 350 克左右。嫩荚纤维少，品质佳。

5. 浙芸 3 号 浙江省农业科学院蔬菜研究所育成。植株蔓生，生长势强，全生育期 90～120 天，单株分枝 0.92 个，叶色绿。花紫红色。主蔓第六节左右开始结荚，结荚率高。嫩荚浅绿色，扁圆形，商品荚长 17～19 厘米，宽 1.2 厘米，厚 0.8 厘米。种子褐色，肾形，有光泽。嫩荚肉厚，纤维少，商品性好，品质优，采收期长，平均亩产量 1 500 千克左右，适应性广。

6. 红花青荚 浙江省勿忘农种业集团选育。植株蔓生，生长势强，播种至采收嫩荚约 45 天，较早熟。植株第六至七节着生第一花序，花紫红色。嫩荚扁圆形，结荚率高，荚长 15～17 厘米，宽 1.1 厘米左右，厚 0.8～0.9 厘米。种子肾形，褐色，有光泽。嫩荚肉厚，纤维少，商品性好，品质优，采收期长，平均亩产量

1 500千克左右。

7. 浙芸5号 浙江省勿忘农种业集团选育。植株蔓生，生长势强，花紫红色。嫩荚浅绿色，扁圆形，一般荚长18厘米，宽1.2厘米，厚1.0厘米，结荚率高。种子褐色，肾形，有光泽，较早熟，品质优，耐热性较好。

8. 春丰4号 天津市蔬菜研究所育成品种。株高3米左右，有侧枝2～3个，主蔓18节左右封顶。叶为心形，每片复叶有3片小叶，小叶长11.4厘米，宽9.4厘米，叶及叶柄绿色。花冠中等大小，白色，第一花序着生节位2～4节，每花序2～3朵花，花白色。单株结荚30个左右。嫩荚深绿色，稍弯曲，长18～20厘米，横径1厘米左右，单荚重14～16克。肉厚、无筋、品质好，单荚有种子7～9粒。种子肾形，黄色，种脐乳白色，千粒重370克左右。较抗锈病和病毒病，对盐碱有一定耐性。

9. 丰旺 中国农业科学院蔬菜花卉研究所选育。植株蔓生，生长势较强，苗期幼茎绿色，花白色，嫩荚绿色、扁圆棍形，单荚重18～22克，荚长20～22厘米，喙长0.8～1厘米，荚宽1.3厘米，厚约1.2厘米。口感嫩甜，纤维少，品质好。种皮白色、近肾形，千粒重280～300克。植株自下而上连续结荚性强，每亩产嫩荚1 800～2 200千克。适宜春露地和保护地栽培。

10. 川红架豆 春、秋两用优良品种，生长势强，播种到采收嫩荚45～55天。植株蔓生，生长势强，花紫红色，第一花序着生于3～5节，每花序结3～4条荚。豆荚长棍形，绿色，肉厚，嫩荚长17厘米左右，商品性好。

11. 珍珠架豆 早熟品种，生长势强，植株蔓生，茎紫红，坐果率高。嫩荚浅绿色，圆棍形，荚长14～18厘米、直径0.9～1.0厘米。黑籽，每荚有种子5～9粒，纤维少，产量高。

12. 红花白荚菜豆 植株蔓生，生长势强，花紫红色，嫩荚白色，扁圆形，荚长17～19厘米。嫩荚肉厚，纤维少，品质优。

第三章 菜豆生长发育周期及对 环境条件的要求

一、菜豆生长发育周期

菜豆一生大多数处于营养生长和生殖生长并进阶段，整个生育期可分为发芽期、幼苗期、抽蔓期和开花结荚期4个时期。

（一）发芽期

从种子播种后吸水膨胀、萌动发芽到第一对真叶展开的过程称为发芽期，历时 10～12 天。整个发芽期又可以分为发芽初期和转换期两个阶段。种子吸水萌动 1～2 天内会出现幼根，随着幼根和下胚轴的伸长，1 周后幼苗出土，这一阶段为发芽初期。此阶段只要满足温、光、水、气等条件的要求，幼苗主要利用肥大子叶自身贮藏的营养物质进行生长。从幼苗出土到第一对真叶展开为转换期，此阶段子叶内养分逐渐消耗，直至子叶枯萎脱落，由寄养阶段转换到自养独立生长阶段，发芽期结束，进入幼苗期。

（二）幼苗期

从第一对真叶展开到第四～五片复叶展开（蔓生种到抽蔓前、矮生种 4 片复叶展开）为幼苗期，蔓生菜豆历时大约 20～25 天，矮生菜豆历时 15～20 天。幼苗期主要以营养生长为主，花芽开始分化。幼苗期根系生长发育速度快，并开始木栓化，伴有根瘤产生。茎叶生长速度比较缓慢，节间较短。此期对养分需求量不大，对氮、钾的需求量相对较大。值得注意的是此期基生叶（第一对真叶）对植株生育有明显的影响。据观察，当菜豆基生叶（第一对真叶）受到损坏或脱落，会延长第一片复叶的展开时间，植株长势减弱，直接影响植株的花芽分化和发育。

（三）抽蔓期

从幼苗第四、第五片复叶展开到植株第一花序现蕾时为抽蔓期，蔓生菜豆约需 15 天，矮生菜豆（发棵）约需 10 天。这时期植株营养生长旺盛，茎叶生长迅速，节间伸长开始缠绕生长，节数和叶数迅速增加，并开始孕育花蕾。此时期在培育管理上，要视秧苗具体情况，适当追施养分，满足植株迅速生长的需要。对蔓生菜豆品种要适当控制肥水，防止营养生长过旺，枝叶过于茂盛，而影响开花与结荚。对于矮生菜豆品种不需过分控制营养生长。

（四）开花结荚期

从开始开花到结荚（收获）结束称为开花结荚期。蔓生菜豆的整个开花结荚期可以为开花结荚初期、开花结荚中期和开花结荚后期 3 个阶段。

1. 开花结荚初期　自植株现蕾到第一花序结荚，历时 1 周左右。因植株营养生长旺盛，花和荚养分竞争能力较弱，生产上容易出现早期落花。此期需适当控制肥水。

2. 开花结荚中期　自第一花序结荚后至盛花期。此期各花序陆续开花结荚，幼荚迅速生长，是菜豆产量形成的关键时期。开花结荚中期植株花与花之间、花与荚之间以及茎叶生长和开花结荚之间都存在养分竞争，同时对外界不良环境反应最敏感，极易发生大量落花落荚。因此，在生产上要通过适时采收和加强田间管理等措施，以增加产量和提升品质。

3. 开花结荚后期　从开花结荚数量显著减少到采收结束。一般蔓生品种在采收 25～30 天后，植株茎叶明显衰老，产量锐减，品质下降。在生产上通过打顶、摘除衰老叶、病叶，加强肥水和病虫害管理，促发侧枝，以形成第二次结荚高峰。

菜豆开花结荚期因品种、环境及栽培季节而有所差异。一般矮生品种在播后 30～40 天进入开花结荚期，历时 20～30 天；蔓生品种播后 40～60 天进入开花结荚期，历时 45～90 天。整个生育期，蔓生品种一般 90～120 天，矮生品种 70～90 天。

二、菜豆生长发育对环境条件的要求

菜豆生长发育对环境条件的要求主要体现在温度、光照、水分等气候条件和土壤及其营养条件。

（一）气候条件

1. 温度 菜豆性喜温暖，不耐高温和霜冻，矮生品种耐低温能力强于蔓生品种。种子发芽最适温度 20～25℃，低于 10℃或高于 35℃不易发芽。种子发芽后地温长期处于 11℃时，幼根生长慢，幼苗出土缓慢，低温会延长种子发芽天数。

菜豆幼苗对温度变化极其敏感。幼苗生育适合温度为 18～20℃，10℃以下生长受阻，幼苗生长的临界地温为 13℃左右，低于 13℃，菜豆根少而短，不长根瘤，茎叶生长缓慢。短期的 2～3℃低温会使幼苗失绿变黄，随温度升高后可恢复色泽，0℃受冻死亡。

花芽分化的适宜温度为 20～25℃，高于 27℃或低于 15℃，花芽分化质量差，易产生不完全花，从而导致落花加剧。花粉萌发的适宜温度为 18～25℃，当外界温度低于 5℃或高于 35℃时，不育花粉数增多，甚至落花落荚增多。

开花结荚期适宜的温度为 18～25℃，低于 10℃或高于 35℃，植株同化产物积累少，呼吸消耗多，叶片衰老，引起落花落荚，同时，豆荚变粗或畸形，纤维增多，豆荚的品质变劣。各生长期适宜温度见表 1。

表1　菜豆不同生长发育期的适宜温度

生育期	适宜温度（℃）		
	最低	最适	最高
种子发芽期	10～12	20～25	35
幼苗生长期	13	18～20	/
花粉发育期	5～8	20～25	35
开花结荚期	10	18～25	30～35

注：引自郑卓杰主编《中国食用豆类学》，中国农业出版社，1997。

2. 光照　菜豆属喜光作物，对光照强度的要求高，其光合饱和点为 2.0万～2.5万勒克斯，光补偿点 1 500～2 500 勒克斯。随着植株生长对光照强度的要求逐渐增加，特别是开花结荚期需要较强的光照条件。如遇长时间阴雨天气，植株光照过弱，节间伸长，徒长，分枝少，叶片数和干物质减少，植株同化能力降低，现蕾数和开花结荚数减少，潜伏花芽和落蕾数增加，影响菜豆正常开花和结荚，导致菜豆品质差、产量低。露地栽培如有连续 2～3 个阴雨天就会产生落花。菜豆叶片有自动调节光照的能力，在早晨光弱时，叶面与光线呈直角，而中午光照强时，叶面与光线相平行。

菜豆为短日照作物。目前我国栽培大多数菜豆品种，对日照长短要求不严格，属中间型，因此各地区间菜豆品种可以相互引种，春、秋均可栽培。但也有少部分短日型，对光周期反应敏感，短日型品种在长日照条件下引起植株旺长，延迟开花结荚，甚至不开花结荚。因此，部分菜豆品种在引种时要考虑品种对光周期的反应。

3. 水分　菜豆是需水较多的作物。种子萌发时对水分要求较严格，种子发芽所需水量为种子重量的 100%～110%，水分过少，种子不能萌发，水分过多则导致土中缺氧，豆粒腐烂而失去发芽能力。菜豆植株生长最适宜的田间土壤持水量为 60%～70%。低于这个指标，菜豆根系生长不良，开花结荚率降低，植株生长发育受阻。若土壤水分过多，或地面积水，土壤氧气不足，会导致植株下部叶片提早黄化脱落，茎叶和荚果变褐腐而脱落，以至全株死亡。

菜豆开花结荚期，适宜的空气相对湿度为 65%～80%。此期若经常降水且降水量大，会降低柱头黏液的浓度，不利于花粉萌发和授粉受精，易引起落花。结荚期遇到高温干旱，嫩荚生长缓慢，果皮硬化，形成革质层，嫩荚品质粗硬，落花落荚多。因此，在菜豆整个生育期内，需充足的水分，过干、过湿对菜豆生长都不利，一般以见干见湿，保持空气相对湿度 80%左右较为适宜。

（二）土壤条件

菜豆对土壤适应性较广，但以有机质含量高、富含腐殖质、土层深厚、排灌良好的壤土或沙壤土最为适宜。这样的土壤利于根系生长发育以及根瘤菌的活动。土壤结构黏重或低洼地块，因排水和通气不良，会影响根系的吸收机能，且易发病，甚至引起落叶而减产。菜豆忌连作，植株在中性或微酸性土壤上生长良好，适宜土壤的 pH 以 6.2～7.0 最为适宜，当 pH 小于 5.2，会造成植株矮化，叶片黄化，严重的甚至提早枯死。菜豆不耐盐碱，尤其不耐含氯化钠的盐碱地。当氯化钠含量在 2 000～4 000 毫克/升时，株型矮化，叶色失绿，开花数少，含量在 8 000 毫克/升时，叶直立，叶片逐渐枯萎，甚至全株死亡。

第四章　无公害菜豆栽培

一、无公害菜豆早春大棚栽培

菜豆早春大棚栽培技术关键是培育壮苗和棚内温湿度管理，前期要做好保温防冻，后期做好通风降温，防止高温对菜豆的危害。

（一）品种选择

大棚菜豆栽培一般选用早熟、耐低温、耐弱光、结荚集中、生长势旺和抗病性强的品种。在生产上可选择碧龙菜豆、浙芸 3 号、红花白荚、红花青荚等蔓生类型菜豆品种。

（二）培育壮苗

培育壮苗是获得大棚菜豆优质高产的关键。菜豆壮苗的标准是节间短、茎粗、根系发达，叶大而深绿，无病虫危害。

1. 播前种子处理　菜豆种子粒大，用种量也大，一般不间苗。为保证全苗，播前宜进行粒选，选用粒大、整齐、颜色一致而有光泽、无机械损伤和病虫害的种子。播种前晒种 1～2 天，可促使发芽整齐。播前用 50%甲基硫菌灵可湿性粉剂 500～1 000 倍液浸种15 分钟，可预防苗期灰霉病，或用 1%甲醛（福尔马林）溶液浸种20 分钟，预防苗期炭疽病，或用 50%多菌灵可湿性粉剂 500～1 000 倍液浸种 20 分钟，预防苗期枯萎病和猝倒病。经药剂处理的种子应用清水洗净，晾干后方可播种。

2. 播种育苗　早春大棚栽培的菜豆必须采用育苗移栽的方法，以确保菜豆苗齐、壮。在生产上一般采用营养钵、穴盘或撒播等育苗方式。播种期应根据当地气候和大棚保温防寒设备状况及菜豆生物学特性等综合因子确定。根据棚内保温设施不同，可采用大棚内温床或冷床育苗。在江苏、浙江等长江以南地区，一般早春大棚菜豆栽培的播种适期为1月下旬至2月上、中旬。

播前半个月及时处理棚内前茬作物，翻耕晒土，制作好苗床。播种时，如果床土干湿适宜，可不必浇水，若床土发白过干，可适当洒水，但水量不可过多。将种子均匀撒于苗床，播后覆盖细土2厘米左右，上铺稻草和地膜，然后搭小拱棚并覆盖薄膜保温。营养钵或穴盘育苗的，播前把营养土浇足水，待水渗后每钵（穴）播种2～3粒，播后盖土2厘米左右，覆盖地膜，育苗畦再搭小拱棚保温。

3. 苗床管理 播种到出苗需要较高温度，除大棚密闭外，小拱棚要增加无纺布或草帘等覆盖物，提高温度促进种子萌芽出土。此期如果水分适宜，保持20～25℃的棚温，经4～5天就可出苗。约有30％左右苗出土时，要及时揭去覆盖的稻草和地膜，子叶充分展开后，白天温度保持在15～20℃，夜间温度保持在10～15℃，防止出现徒长苗。当第一片真叶展开后，可适当提高温度，白天温度保持在20～25℃，夜间温度保持在10～15℃，以利于花芽分化以及根、叶的生长。定植前5～7天逐渐加大通风量，进行通风降温炼苗。但要注意逐渐降低温度，防止秧苗受寒。

菜豆苗床水分管理，幼苗时期要控制浇水，一般床土（营养土）湿润就不浇水。确需浇水时，应选择晴天中午进行，苗床浇水不宜过多，否则苗床温度低，床土板结，通气不良，秧苗难于发根，易引发苗期病害。

育苗期的光照管理很重要，光照是提高苗床温度的重要条件，也是幼苗生长发育必不可少的。因此，在整个育苗期，都必须保证有充足的光照，白天小拱棚的覆盖物必须及时揭掉。育苗期间如发现苗比较拥挤，为防止徒长引起高脚苗，可分次移动营养钵，增大营养钵间的距离，增强光照强度。

育苗期间要及时收听天气预报，有较大风暴或寒流时，要及时增加覆盖物，做好防寒工作。尤其是在秧苗到定植前进行大锻炼时，更要注意晚上出现急剧降温情况，做好保温防止冻害。

（三）整地施肥

选择疏松肥沃、排灌良好、有机质含量丰富的壤土或沙壤土种植。定植前半个月扣棚盖膜，以提高地温。提早 7 天深翻土壤，精细整地，作深沟高畦，畦宽（连沟）1.4～1.5 米。施足基肥，畦中间挖沟，每亩施充分腐熟的有机肥 2 000～2 500 千克、复合肥 25～30 千克，过磷酸钙或钙镁磷肥 40～50 千克。施后覆土，耙平，畦面呈龟背形，后覆盖地膜待定植。

（四）适期定植

一般在大棚气温不低于 0℃以下，地温稳定在 10℃以上时，为大棚早春栽培菜豆定植适期。选子叶展开、第一对真叶露出的幼苗，在暖头寒尾的晴天定植，营养钵育苗的可选用大苗（3～5 片真叶）定植。为避免伤根，在定植前一天，菜豆秧苗进行一次浇水与病虫害防治，利于起苗时秧苗带土，同时要剔除病苗和失去第一对真叶的弱苗。每畦栽两行，行株距为 70 厘米×（25～30）厘米，挖穴定植，每穴栽 3 株，不宜栽过深，以秧苗土块与畦面平为宜。定植后浇点根水，以利于缓苗，苗四周的地膜用土封严。为保证全苗，定植后留一部分后备苗，以备补苗之用。

（五）栽培管理

1. 温湿度管理　定植后 1 周内为促进缓苗，以闷棚为主，扣严大棚，白天棚温保持在 25～30℃，夜间棚温不低于 15℃。定植后如遇强冷空气来临，应在棚内搭建小拱棚，夜间加盖草帘或遮阳网等保温。缓苗后，棚内白天温度保持在 25～28℃，夜间温度不低于 15℃，当白天棚温超过 30℃时应及时通风降温，防止秧苗徒长。进入开花期后，白天棚内温度保持在 22～25℃，夜间不低于 15℃。随着外界气温的升高，应当逐渐加大通风量，当夜间外界气温不低于 15℃时，可昼夜通风，以降低棚内湿度，促进开花结荚。

2. 查苗补缺　定植后结合中耕及时检查，对因病、虫危害缺苗或基生叶受损生长不良的秧苗，应及时补栽，每穴留 3 株，确保全苗。

3. 搭架与引蔓上架 定植后，蔓生菜豆应在甩蔓前及时搭架，防止株间因茎叶缠绕、透光不良而造成落花落荚。一般选用长 2～2.5 米以上的小竹竿，搭 X 形或"人"字形架，同时，应在架材 1/2 处或 2/3 交叉处放一根架材作横梁并用绳扎紧加以固定。蔓生菜豆秧苗甩蔓后，在晴天上午 10：00 后及时按逆时针方向引蔓上架。

4. 植株调整 蔓生菜豆引蔓上架后，及时摘除基部 6 叶以下的侧枝，促进主蔓生长。植株主蔓爬满架后，距棚顶较近时，要及时进行打顶，抑制顶端优势，促进下部节位花芽的生长、发育，利于下部豆荚成熟。同时，生长后期应及时摘除下部衰老叶、病叶，加强植株间通风透光。

5. 肥水管理

（1）水分管理 早春大棚栽培菜豆水分管理总的原则是"浇荚不浇花"。菜豆缓苗后到开花结荚前为营养生长阶段，对肥水反应很敏感，尤其是蔓生种，过早、过多浇水，会造成植株根系浅，茎叶徒长，花序生长发育差，对早期产量影响很大。一般在定植后隔 3～5 天浇 1 次缓苗水，以后一般不浇水，并进行浅中耕 1～2 次，以壮根壮秧为主。初花期控制浇水以免植株营养生长过旺，花蕾得不到足够的养分而引起落花、落荚。当第一花序幼荚长至 3～5 厘米时，植株进入旺盛生长期，需肥水量大增，以后可结合施肥，每隔 7～10 天浇 1 次水。

（2）养分管理 追肥掌握"花前少施，花后多施，结荚期重施"的原则。菜豆定植缓苗后到抽蔓前，视秧苗长势追施一次提苗肥，每亩用 15％～20％腐熟人粪尿 800～1 000 千克，以促进植株生长和花芽分化，提高结荚数量；嫩荚坐住并长至 3～5 厘米时，追施催荚肥 1 次，每亩用 15％～20％腐熟人粪尿 1 000 千克，三元复合肥 10 千克，促进植株健壮生长和嫩荚肥大；开花结荚盛期，肥水需求量大，可重施肥水 2～3 次，一般每隔 10 天左右追施 1 次，每亩用三元复合肥 10～15 千克，或用尿素 7.5～10 千克加硫酸钾 2～2.5 千克。据资料表明，在结荚期，用 6.6 升水加 1 千克硫酸锌配制成叶面肥溶液喷施，能显著增产。早春大棚栽培菜豆进入收获后期，茎叶生长缓慢，豆荚减少，如果此时水肥不足，极易引起豆秧早衰。应在此时继续加强浇水施肥，结合喷施 0.5% 尿素与代森锌的混合液，防止早衰，促进腋芽早发生，继续抽生而开花结荚，以延长采收期，增加产量。

（六）病虫害防治

早春大棚菜豆病虫害主要有灰霉病、锈病、细菌性疫病、根腐病、蚜虫等。应选用高效低毒农药和生物农药及早防治。

（七）采收

一般早春大棚栽培菜豆在花后 20 天左右，豆荚由细短变粗长，尚未"鼓粒"，即可采收上市。采收时，用力不宜过重，保护好花序。

二、无公害菜豆春季露地栽培

（一）整地施肥

选择 3 年内未种植过豆类蔬菜的地块，提前深翻整地，一般以头年秋翻地、第二年春耙地为好。既可改善土壤耕作层的理化性状、减少病原，提高地温，又有利根系发育和根瘤菌的活动。

土壤耕翻后，作成深沟高畦，连沟畦宽 1.3～1.5 米，施足基肥。在畦中间挖沟，亩施充分腐熟的有机肥 2 000～3 000 千克，并施入过磷酸钙或钙镁磷肥 30～50 千克、复合肥料 25～30 千克，覆土作成中间稍高，畦两边稍低的龟背形畦，覆盖好地膜，等待播种。

（二）适期播种

菜豆春季露地栽培，一般采用种子直播，在当地晚霜前 10～

15 天，土层 5～10 厘米地温稳定在 10℃以上，选晴天播种。播时若土壤干旱，应再播前适当浇底水，但不宜过多，以免烂种，待水下渗后播种。蔓生型每畦播种两行，穴距 25～30 厘米；矮生种每畦播种 3 行，穴距为 20 厘米。挖穴深 3～5 厘米，每穴播种 3 粒，覆土 2～3 厘米。播种后轻镇压，使种子与湿润土壤充分接触，以利于种子吸水发芽，并减少土壤水分蒸发。若采用播种后覆盖地膜的栽培方式，必须在苗出土后，及时破膜，防止高温伤苗，并在苗四周用土封严。

南方早春往往是低温阴雨天气，为防止露地直播烂种死苗，可先用塑料大棚或小拱棚培育子叶苗或小苗，然后定植到露地。

（三）培育管理

出苗后大部分幼苗第一对真叶展开时进行查苗、补苗，对缺苗、基生叶受伤的苗或病苗要换栽健壮苗，每穴确保 2 株秧苗。蔓生型在甩蔓前要及时插架，并辅助逆时针引蔓上架。

菜豆在幼苗阶段视苗长势追肥 1～2 次，要适当控制水分，只要土壤湿润就不浇水，如土壤干旱确需浇水，选择晴天进行，但切忌灌大水。抽蔓期适当控制水分，防止茎叶徒长。菜豆浇水管理采取"先控后促"的原则，以水分管理来调节营养生长和生殖生长。开花结荚期，植株既长茎叶又陆续开花结荚，需肥料和水量增加，整个结荚期需供给充足的肥水。使土壤水分稳定在最大持水量的 60%～80%。雨季应及时排水防涝。每隔 10 天左右追施 1 次肥水，共追施 3～4 次。除根部追肥外，需常用 0.2%磷酸二氢钾叶面喷施。这样可提高结荚率，防止植株早衰，延长结荚期。如果缺肥又缺水，植株很快就会衰老、死亡。

（四）采收

春季蔓生菜豆播后 60～70 天，即可开始采收嫩荚上市。

三、无公害菜豆高山越夏栽培

菜豆高山越夏栽培是利用海拔 500 米以上地区，在夏季时凉爽气候条件，进行栽培的一种方式，嫩荚采收供应期主要在夏秋 7～9 月的市场供应淡季，具有较好的经济效益。

（一）地块选择

菜豆对土壤适应性较广，但在低洼地和黏重地块生长不良，因此，要选择 2～3 年内未种过豆科作物，且土层深厚、有机质丰富、疏松肥沃、排灌条件良好、pH 6.2～7.0 的沙壤土或壤土。菜豆，高山越夏栽培开花结荚期主要在夏秋的高温季节，为了满足高山菜豆生长发育对环境条件的要求，防止高温干旱引起菜豆落花落荚和果荚畸形，一般宜在海拔 500～1 200 米的地块种植，并以海拔 700～1 000 米的东坡、南坡、东南坡、东北坡、北坡朝向的地块种植为最好。

（二）整地施肥

菜豆主侧根较发达，要求早翻与深翻土地，细致整地，作深沟高畦，利于排水。一般水田畦宽（连沟）为 1.4～1.5 米，沟深 25～30 厘米；旱地畦宽（连沟）为 1.3～1.4 米，沟深 15～20 厘米。菜豆吸收的氮有 50% 来自土壤供给，在开花结荚期对磷、钾的吸收多于氮。因此，要施足基肥，并增施磷、钾肥。在畦中间开沟，每亩施腐熟的有机肥 2 000～2 500 千克（商品有机肥 450～500 千克），或亩施腐熟菜饼肥 50～100 千克、三元复合肥 30～50 千克、钙镁磷肥（过磷酸钙）30～40 千克，如土壤 pH 低于 6.0，可在整地作畦时，每亩撒施生石灰 50～70 千克，并与土拌匀以中和酸性，利于减轻病虫害，且可增加土壤中的钙。最后把栽培畦整成龟背形待播。

（三）品种选择

菜豆品种较多，要因地制宜，选择优良品种，一是根据目标市场或加工企业或外贸出口需要，选择品种；二是选择耐热、适应性和抗病性强、优质高产、商品性好的优良适销品种。

目前高山越夏栽培选择蔓生型菜豆品种较多：①红花黑籽类，如红花刀豆、珍珠架豆等。②红花褐籽类，有荚形扁、深绿色品种如浙芸 3 号、川红架豆、浙芸 5 号、红花青荚、丽芸 2 号等，目前大部分高山越夏栽培都选择此类品种。③白花白籽类，如浙芸 1 号、浙芸 4 号等，该类品种抗高温能力稍差，宜选择海拔 800 米以上地区种植。

（四）适时播种

1. 种子处理　精选种子和晒种，是保证齐苗、壮苗的关键。生产上要挑选光泽饱满的种子，剔除有病斑、机械损伤和混杂的种子。播种前，把菜豆种子放在太阳下晾晒 1～2 天，以杀死种子表面的部分病菌和提高种子发芽势。可用药液浸种消毒，即将菜豆种子放入 50% 多菌灵可湿性粉剂 500 倍液中浸泡 20～30 分钟，或用 40% 甲醛 200 倍液浸种 30 分钟，用清水把种子药液洗净晾干后播种。

2. 播种期的选择　菜豆喜温，不耐热、不耐寒。要获得高山菜豆优质高产高效，选择适时播种期是关键。在海拔高的地区，播种过迟，10 月份后降温快，会严重影响产量。若在海拔低的地区，播种过早，会遇到 7～8 月中下旬的高温危害，引起落花落荚而影响产量与品质。因此，播种期宜为 5 月上中旬至 6 月中旬，海拔高的地块，可适当提早播种，对 500 米海拔左右的低山地区宜适当迟播种。同时，对上规模的高山菜豆生产基地或种植大户，应在适宜播种期内，间隔 10～15 天分批排开播种，利于均衡上市，获取较好的经济效益。

3. 仔细播种，确保全苗　一般采用干籽直播，播前若土壤干燥，需先浇足水后播种或雨后抢晴天挖穴播种。播种穴不宜过深，一般以 3～5 厘米为好，播种穴离畦沟边 10～15 厘米。蔓生菜豆每畦种 2 行，穴距为 40～45 厘米，每穴播 3 粒种子，播后用细土或焦泥灰覆盖种子。同时在田间地头育部分"后备苗"，用于补苗。一般播种后 3～5 天就可出苗，亩用种量 1.25～1.5 千克。

（五）培育管理

1. 查苗、补苗与间苗　从播种至第一对真叶露出，需 7～10 天，此时要进行查苗、补苗，并及时作好间苗工作。对缺株和已失去第一对真叶或已受损伤的苗及病苗，选用胚轴粗壮、无病害的苗带土移栽。补苗移栽时间在阴天或晴天傍晚进行较好，栽植深度以子叶露出土面为宜。栽后要及时浇点根水，以利早缓苗成活。及时拔除细弱苗和病苗，每穴留健壮苗 2 株即可。

2. 中耕除草与培土　中耕可疏松土壤，除去杂草，利于保墒和改善土壤通透性，促进菜豆植株根系生长。蔓生菜豆在爬蔓前，矮生菜豆在封行之前，进行中耕除草 1～2 次。第一次在播种后 10 天左右，结合查、补苗，进行浅中耕。除去畦面杂草，在植株基部的杂草要用手拔除，以免损伤植株根系；第二次中耕，蔓生型菜豆结合搭架引蔓进行，并清沟培土于植株茎基部，以促进发生不定根。

3. 搭架引蔓　蔓生型菜豆采用搭架栽培是获得优质高产重要措施。搭架栽培利于提高叶面积指数和通风透光，增加光能利用率，提高结荚率，减轻病虫害，提高产量和品质。蔓生型菜豆在甩蔓前（即抽蔓约 10 厘米时）应及时搭架，防止株间相互缠绕，影响生长。选用长约 2.5 米的架材（小竹竿或小木条），每穴插一根，深 15～20 厘米，稍向畦内倾斜，搭成 X 形架或"人"字形架，在架材交叉处放一根架材作横梁，用塑料绳缚紧。及时按逆时针方向引蔓上架。因高山地区风大，多暴雨。为防止菜豆架倒伏，可在架畦两头和行中间间隔 10～20 米插入竹竿或木头作支柱加固。

4. 摘叶与打顶　为了利于通风透光，减轻病虫害，要及时摘除老叶和病叶，并集中深埋或烧毁。若菜豆植株出现生长过旺、疯秧、只开花不结荚等现象，可采取疏掉部分叶子，提高结果率。当菜豆蔓已超过架顶并下垂时，可进行主蔓打顶，促进早发侧枝生长和开花结荚。

5. 肥水管理 高山菜豆在施足基肥的基础上，追肥要贯彻"适施氮肥、多施磷钾肥、花前少施、开花结荚期重施及少量多次"的原则。一般开花结荚前，在苗期和抽蔓期视苗的长势，追肥1～2次，每次亩浇施腐熟的15%～20%人粪尿200～300千克，或亩施三元复合肥5～10千克；初花期少浇肥水。当花序嫩荚坐住后，亩施三元复合肥10～15千克；进入开花结荚盛期后要重施肥水，每隔7～10天，亩施三元复合肥15～20千克，或尿素10千克加硫酸钾5千克进行追肥。在结荚初期和盛荚期根外追硼肥、钾肥各1次，以提高坐荚率。

（六）病虫害防治

主要有根腐病、炭疽病、枯萎病、锈病、角斑病、细菌性疫病以及蚜虫、豆野螟等。生产上要遵循"预防为主、综合防治"的方针，优先运用频振式杀虫灯、昆虫性诱剂等物理、生物防治技术，病虫发生初期选用生物农药、低毒高效化学农药防治。

（七）采收

高山越夏菜豆一般在花后10～12天就可采收上市，在采收盛期，应坚持每天采1次。同时要做好分级包装，以提高菜豆的商品性。

四、无公害菜豆秋季露地栽培

秋季露地菜豆生育前期处在夏秋高温季节，温度较高，生长迅速，节间长，分枝少。如播种过早，生长前期高温易引起早期落花；如播种过迟，后期气温较低，缩短了结荚期，提早落秧，影响产量。一般在江浙地区以 7 月下旬至 8 月上旬为宜。

(一) 品种选择

秋季露地菜豆幼苗期处在夏季高温季节，开花结荚期在温度渐低、日照渐短的秋季，应选比耐热、抗病毒病和锈病、结荚集中、对光周期反应属中间型或短日型的品种，如丽芸 2 号、红花青荚等。

(二) 整地施肥

在播种前 7 天左右，提早深翻土地，日晒 3～5 天，平整后做成深沟高畦，畦连沟宽 1.3～1.5 米，深 25 厘米以上。施足基肥，在畦中间开沟亩施腐熟有机肥 2 000～2 500 千克、过磷酸钙 30～40 千克、三元复合肥 20～30 千克，然后把畦整成龟背形，畦面细平，待播。

(三) 适时播种

1. 播种期选择　选择适宜的播种期是菜豆秋季露地栽培的关键。应根据当地气候条件，即常年初霜出现日期向前推算，一般蔓生型菜豆从播种到采收结束需 100 天，矮生型菜豆需 70～80 天。因此，蔓生型播种期为 7 月中、下旬至 8 月上旬，矮生型的播种期为 8 月上、中旬。

2. 播种　秋露地栽培菜豆选择直播的方式，播种时若畦面土壤干旱，应先在播种穴内浇足底水，待水完全下渗后播种，不宜过深，以 3～5 厘米为宜，上覆细土 2～3 厘米。苗出土后及时查苗补缺。

3. 适当密植　秋菜豆生长期较短，生长发育不如春菜豆旺盛，侧枝较少，单株产量较低，为保证产量，可适当增加株数，一般密度可比春菜豆增加 10% 左右。

(四) 田间管理

1. 中耕蹲苗　秋季菜豆露地栽培，植株生长前期正值高温季节，水分蒸发和蒸腾都较快，应勤浇水保苗，齐苗后及时查、补秧苗，每穴保留健壮秧苗2～3株。蹲苗期要短，中耕宜在雨后进行，且宜浅不宜深，除掉杂草即可，促进秧苗加快生长。秧苗甩蔓前搭X形架或"人"字形架，及时逆时针引蔓上架。

2. 肥水管理 秋季露地栽培菜豆生长期短，应当从苗期就要加强肥水的管理。一般苗期要结合查补苗和中耕进行追施肥水2～3次，每次亩施三元复合肥10千克左右，利于植株迅速生长发育，尽早开花结荚以延长结荚期，增加产量。开花初期适当控制水分供应，坐荚后增加浇水量，雨后及时排水。随着温度逐渐降低，耗水量减少，浇水量适当减少。开花结荚采收期每隔7～10天左右追肥1次，每次亩施三元复合肥10～15千克，同时，结合病虫害防治可叶面喷施0.3%磷酸二氢钾叶面肥2～3次。及时摘除下部病叶、老叶，加强通风透光。

注意及时防治病毒病、锈病、炭疽病以及蚜虫、豆野螟和斜纹叶蛾等病虫害，一般从9月中下旬开始采收，在初霜来临前采收完毕。

五、无公害菜豆秋延后大棚栽培

（一）品种选择

应选用适应性强，抗病、丰产、商品性好的蔓生类型品种，如碧龙、丽芸2号、红花白荚、红花青荚等。

（二）整地施肥

选择前作非豆科作物地块，要求土质疏松肥沃、排灌方便、有机质含量高。播前1周清理干净前茬作物，深翻土壤，精细整地，作深沟高畦，畦宽（连沟）约1.4米，每个8米宽的大棚作5畦，棚内两边的畦沟宽50厘米以上，以便操作和架材搭建。施足基肥，畦中间挖沟，每亩施充分腐熟的有机肥2 000～2 500千克、复合肥25～30千克，过磷酸钙或钙镁磷肥40～50千克。施后覆土，耙平，畦面呈龟背形待播。

（三）播种

1. 播前处理　为保证全苗，选用粒大、整齐、颜色一致而有光泽、无机械损伤和病虫害的种子，并晒种1～2天，促使发芽整齐。播前用1％的福尔马林液浸种20分钟，预防苗期炭疽病，或用50％多菌灵可湿性粉剂500～1 000倍液浸种20分钟，预防苗期枯萎病和猝倒病。经药剂处理的种子应用清水洗净，晾干后方可播种。

2. 适期播种　播种期因地而异，在我国南方地区，由南而北，播种期自7月中下旬至8月上中旬，以初霜期前110天左右为准。一般采用直播的方式，若畦面土壤较干旱，应先在播种前穴内浇足底水，待水完全下渗后播种。播种时不宜过深，以3～5厘米为宜，每穴播种3～4粒，每畦2行，株距为30～35厘米，播后上覆细土2～3厘米，并在畦面覆盖遮阳网或稻草降温保湿。

（四）田间管理

1. 查苗定苗　播种后3～5天即可出苗，出苗后揭除覆盖物。秧苗子叶展开，真叶开始显现时及时查苗和间苗，每穴定苗3株，对有缺苗的应在阴天或晴天傍晚及时补栽，并浇足定根水保苗，确保全苗。

2. 搭架引蔓　蔓生型菜豆应在甩蔓前及时搭架，防止株间因茎叶缠绕、透光不良而造成落花落荚。一般选用长2.0～2.5米的小竹竿，注意不得超过棚架，以免影响扣棚，搭人字架，同时，应在架材2/3交叉处放一根架材作横梁并用绳扎紧加以固定。蔓生菜豆秧苗甩蔓后，及时按逆时针方向引蔓上架。植株主蔓满架后，距棚顶较近时，要及时进行打顶，摘除下部老叶、病叶。

3. 扣棚保温　10月中下旬后，气温下降，在初霜前应及时覆盖薄膜保温。注意在扣棚初期，白天要大量通风，晚上盖好通风口，适当提高夜间温度，促使菜豆适应大棚的小气候环境。经过

7～8 天，植株适应大棚环境条件后，白天温度保持在 20～25℃，夜间不低于 15℃，白天温度超过 30℃，应及时通过揭膜来通风降温。浇水施肥后要加大通风换气，减少大棚内的湿度，控制病害发生。

4. 肥水管理 大棚秋延后茬口的气候特点是前期温度高、光照强，后期温度低光照弱。因此，生产上要轻控重促，出苗后到开花前，结合浅中耕进行追施肥水 2～3 次，每次亩施三元复合肥 10 千克左右，或用 15%～20% 腐熟人粪尿 800～1 000 千克，促进植株的营养生长，尽早开花结荚；开花初期适当控制水分供应；嫩荚坐住并长至 3～5 厘米时追肥 1 次，亩用 15%～20% 腐熟人粪尿 1 000 千克，三元复合肥 10 千克，促进植株健壮生长和嫩荚肥大；开花结荚盛期，肥水需求量大，可重施追肥，一般每隔 7～10 天追施 1 次，亩用三元复合肥 15 千克，或用尿素 5～7 千克加硫酸钾 6 千克。据研究显示，在苗高 30 厘米、50 厘米、70 厘米时，分别用 100 毫克/千克、200 毫克/千克和 200 毫克/千克的助壮素溶液，加 0.2% 磷酸二氢钾混合均匀后，选择晴天上午进行喷雾，能有效促进秋延后菜豆的花芽分化，从而达到早开花、多结荚，提高产量的目的。

注意及时防治病毒病、锈病、炭疽病以及蚜虫、豆野螟和斜纹叶蛾等病虫害，一般从 9 月下旬开始适时采收，大棚覆盖可延迟采收至 12 月，后期温度低，菜豆生长缓慢，可至豆荚较大时采收上市。

六、无公害高山菜豆轻简化栽培

（一）整地施肥

高山地区冬季基本空闲，应在上一季作物收获后，灌深水至菜豆播种前一个月排干后，引进简易微型翻耕机，深翻土壤后，每亩施生石灰 50～100 千克，每亩施有机肥 1 200～2 000 千克或三元复合肥 50 千克。

（二）播种

1. 播种时间　海拔 800 米以上地区，在 5 月均可以播种，根据近几年高山菜豆市场行情，播期可以适当提早，以 5 月上旬播种为宜，如果要收获后再轮作一季其他蔬菜，需提早在 5 月初至上旬播种。

2. 种子处理　用 30％甲霜·恶霉灵种子处理制剂 2～4 毫升/千克拌种，或 72.2％霜霉威盐酸盐水剂 2～4 毫升/千克，2.5％咯菌腈悬浮种衣剂 6～8 毫升/千克拌种，防土传真菌病害；用 20％氯虫苯甲酰胺悬浮剂 1 毫升/千克拌种，防鳞翅目虫害。

3. 地膜覆盖　为减少人工除草，采用地膜覆盖，可以采用白膜、黑膜或者黑白膜，一般白膜、黑膜成本较低，但是效果不同。采用白膜，杂草前期生长快速，达不到除草功能，夏天温度会提高；采用，黑膜杂草前期生长较慢，较适合夏天用；效果最好的是黑白膜，但成本相对较高。

（三）田间管理

1. 搭架　待出苗后，选用长约 2.5 米的竹竿，采用倒"人"字形架，交叉处适当向下；因丽水市夏季台风较多，应事先做好防范，在每畦交叉处架一根横杆，用绳扎紧，首尾相连，增强抵抗台风的能力，防止豆架倒伏。

2. 引蔓　为降低人工成本，现引进江苏省昆山县花桥光辉联合五金厂与上海市农业局联合试制的园艺扎膝（绑蔓）机，通过在菜豆上绑蔓上架，能提高工效约 3 倍，具有结构简单、操作方便的优点。

3. 肥水一体化　在高山地区，采用肥水一体化对于高山菜豆有着重要的作用，在山地制高点内安装滴灌系统，根据菜豆生长发育对水分、养分的需求，制定菜豆作物灌水、追肥方案，适时定量灌水、追肥，具有省时、省力、节本、增效的作用，通过肥水一体化的应用，改善了蔬菜生长的微生态环境，减轻了病虫害的发生。

4. 长季节栽培 高山菜豆长季节栽培技术是利用高海拔气候条件的一项关键技术，能促进菜豆中后期原花序上未开放的花进一步发育，开花结荚，具体关键技术如下。

（1）营养临界期追肥技术 结荚肥：开花后每亩施三元复合肥20千克，采收后每隔10天每亩施三元复合肥10千克。翻花肥：连续采收嫩荚20天后（停顿期），每亩施三元复合肥25～30千克。

（2）打顶摘叶株势调控技术 打顶技术：植株现蕾前后直立主蔓尖全部打掉。摘叶技术：豆荚采摘至主蔓3/4处，全部摘除基部（50厘米）以下的病老叶，摘除中上部过密叶。

（3）嫩荚精准采摘技术 适时采摘商品荚：一般于花后10～12天采摘。早中期嫩荚采摘：采摘部位在豆荚柄端，不能损伤总状花序的花柄。

（四）病害防控

1. 物理防治

（1）悬挂色板 利用黄板防治蚜虫、斑潜蝇等，蓝板防治蓟马等害虫，从作物苗期开始使用，可有效降低害虫虫口基数，一般每亩用量为30～50片，可以视虫害情况增加。

（2）使用性诱剂 推广应用性诱剂诱杀斜纹夜蛾、甜菜夜蛾、小菜蛾等。具体做法是：在害虫发生早期，虫口密度较低每亩设置1～3个诱捕器，每个诱捕器1个诱芯。每根诱芯一般可使用30～40天。

（3）设置杀虫灯 安装杀虫灯诱杀鳞翅目、鞘翅目和同翅目害虫成虫。普通用电的频振式杀虫灯两灯间距120～160米，单灯控制面积13 340～20 010米^2；太阳能杀虫灯两灯间距150～200米，单灯控制面积20 010～33 350米^2。

2. 化学防治

（1）应用新型实用机械。引进利用超低量静电喷雾器、热力烟雾机等新型实用植保机械，可节省农药用量30%以上，显著降低农药残留量，提高产品的安全性。

（2）农药节本增效技术　在菜豆病虫草害喷雾防治时，可在药液中添加农药高效助剂，提高药液展着性和雾化效果，如每 15 升药液添加有机硅助剂 5 毫升。

（五）采收

高山菜豆从开花到采收时间为 15～20 天，当豆粒略显，豆荚大而嫩，籽粒未鼓前采收，及时分批采摘嫩荚，在上午露水干后进行，初期 2 天采摘 1 次，高温盛荚期每天采摘 1 次。高山地区采用长季节栽培采摘时间可达 70～80 天，每亩产量可达 2 000 千克以上。

第五章　菜豆肥水管理

一、菜豆养分需求特点及科学施肥

（一）养分需求特点

菜豆是豆类蔬菜中的喜肥作物，根系虽然有根瘤菌伴生，但固氮能力较弱。因此，菜豆生育期内从土壤中吸收氮、钾较多，其次为磷。菜豆幼苗出土后，根系开始吸收土壤中的氮、磷、钾以及其他微量元素，随着植株的生长发育，吸收量逐步增大，并在茎叶中积累贮存，到开花结荚期养分积累量达到了最大值。豆荚生长肥大时需要无机养分多，此时，茎叶中积累的养分会不断向豆荚转移。据报道，不同类型的菜豆其养分转移率不同，矮生型菜豆养分从茎叶中转运到豆荚上的转移率氮为24％、磷为11％、钾为40％；蔓生型菜豆的转移率氮为17％，磷为20％、钾为31％。可见菜豆嫩荚生长所需养分只有小部分由茎叶中贮存的营养元素转移过来，大部分的养分还需要根系从土壤中吸收。因此，结荚期的肥水管理直接影响菜豆的产量和品质，尤其是蔓生型菜豆结荚期氮、磷、钾等养分缺一不可。

氮对提高菜豆的产量及品质都具有重要作用。在生长前期，尤其在苗期，其根瘤菌活动固氮能力均较弱，适当追施氮肥可有效促进植株的生长发育和花芽分化，但过多会引起落花落荚和延迟成熟，影响产量。菜豆对氮肥的需求在开花结荚期最多，因此氮肥宜早施、适施，以促进早发育、早结荚，并注意后期追氮肥防止植株早衰，延长结荚期。同时，菜豆喜硝态氮肥，铵态氮肥过多会对菜豆造成毒害。

钾能显著影响菜豆的生长发育和产量的形成。菜豆植株的全生长发育过程中，从土壤中吸收的钾元素最多。植株茎叶、豆荚快速生长期是菜豆需钾量最大时期。钾肥有利于光合产物的合成与运输，钾肥充足，结荚量大，钾肥供应不足，会使菜豆减产 20%以上。

磷肥对植株生长、根系及根瘤的形成、花芽分化、开花结荚及种子的发育都有促进作用。从生长发育初期菜豆对磷肥的吸收就逐渐增加，磷素充足能促进菜豆早熟，缩短生育期，缺磷容易造成菜豆根瘤菌生长发育不良，开花结荚能力差，产量降低。

硼和钼是菜豆必不可少的两种微量元素，对菜豆生长发育和根瘤菌的形成、繁殖都有重要作用。土壤缺少硼时植株根系生长差，根瘤菌固氮能力弱。钼能提高植株对氮肥的吸收利用，同时对叶绿素和根瘤菌的形成也有较好的促进作用。

(二) 科学施肥

菜豆的生育期和采收期较长，尤其是蔓生型菜豆连续多次采收，消耗的营养物质较多。因此，在实际生产中必须掌握科学的施肥技术，遵循"适施氮肥，多施磷、钾肥，花前少施，开花结荚期重施及少量多次"的施肥原则，在施足基肥的基础上，根据菜豆的需肥特点进行合理、及时地追肥，才能获得较高的产量和较好的经济效益。

1. 基肥　菜豆根瘤菌相比其他豆类蔬菜不发达，尤其在幼苗期，植株根系固氮能力较差，因此，必须施足基肥，同时，在基肥中适当施入速效氮肥，可促使植株基部 1～3 节位早发侧枝，提早开花结荚。一般田块每亩施腐熟农家肥 2 500～3 000 千克（或商品有机肥 450～500 千克），过磷酸钙 30～50 千克，三元复合肥 25～30 千克。低肥力田块用量适当增加，高肥力田适当减少。基肥的施用方法一般结合整地做畦时开沟施入。

2. 追肥　正常情况下，菜豆幼苗期不需追施肥水，但在肥力较差，幼苗生长不良的情况下，可适当追施（穴施）1% 的尿素水溶液，施后及时覆土。从花芽分化（4～5 片真叶时）到开花前期间（抽蔓期），对养分的吸收量明显比幼苗期要大，为满足植株迅速生长的需要，根据秧苗长势的具体情况，适当追施养分，一般亩施 15%～20% 腐熟人粪尿 200～300 千克，或亩施尿素 6～9 千克，硫酸钾 4～6 千克。但要注意，在初花期到第一花序豆荚坐住之前（开花结荚初期）要适当控制肥水，尤其是氮肥的供应，以免造成植株徒长而落花落荚；开花结荚中期（第一花序嫩荚坐住，并长至 2～3 厘米）后，要及时追施肥水，可亩用尿素 5～7 千克、硫酸钾 4～6 千克，或亩施复合肥 10～15 千克，满足植株营养生长和生殖生长的养分需求，促发侧枝，增加花数，减少落花落荚；开花结荚盛期要少量、多次追施肥水，可亩用三元复合肥 15～20 千克，或尿素 10 千克加硫酸钾 5 千克，每隔 7～10 天追施 1 次，保证营养供应，促进开花结荚。

3. 根外追肥 喷施叶面肥对增加菜豆产量和提高品质具有显著效果。菜豆开花结荚中后期，叶面喷施 1%～2% 的过磷酸钙浸出液 1～2 次，可增加后期产量；结荚盛期用 0.3% 的尿素加 0.3%～0.4% 的磷酸二氢钾，或 0.05%～0.1% 的钼酸铵和 0.1%～0.2% 的硼砂等微量元素肥料叶面喷施，能显著提高产量和品质，防止植株衰老。

4. 接种根瘤菌 菜豆根系虽然有根瘤伴生，但根瘤菌形成较晚，且数量较少。因此，生产上常进行人工接种根瘤菌，以促使根系提早形成较多的根瘤菌。人工接种根瘤菌技术简单、易行。首先，制作根瘤菌菌剂。在菜豆拉秧时，选取根瘤大而多的根系，连带根瘤和细根一起剪下，装入袋中。在遮阴蔽光处清洗干净泥土后，放在 30℃ 以下的荫凉室内晾干。阴干后，磨碾成细粉状即可。自制根瘤菌菌剂放置得当（一般在荫凉干燥的地方），可确保 1 年的有效期。其次，接种根瘤菌。多采用拌种法，即选用内壁光滑清洁的瓷盆，将菌剂放置其内，加适量清水调制成糊状，放入精选后的菜豆种子，两者拌匀混合，捞出后置于阴凉处，稍作风干后即可播种。菌剂用量以每亩 50～55 克为宜，当天拌好的种子需当天播完，播后立即覆土保湿。

二、菜豆营养障碍及防治

（一）菜豆的缺素症及防治

1. 氮缺乏症

（1）主要症状　植株由下至上褪绿黄化，严重的遍及全株；茎蔓生长迟缓，叶片薄而瘦小；豆荚生长发育差，细弱不饱满，呈弯曲状。

（2）产生原因　土壤本身贫瘠、含氮量低。施用过量未充分腐熟的有机肥，分解过程中夺取土壤中的氮素，造成氮缺乏，导致缺氮症发生。

（3）防治措施　施用充分腐熟有机肥作基肥，或增施适量氮素；出现缺氮症状时，立即亩施尿素 5 千克，或用 $1\%\sim1.5\%$ 的尿素水溶液进行叶面喷施，每隔 1 星期左右喷 1 次，一般连喷 2～3 次即可。

2. 磷缺乏症

（1）主要症状　植株生长迟缓、矮小，早期叶片颜色暗绿，下部叶片较早脱落；植株分枝少，开花结荚量少，有时下部叶片或茎颜色呈现紫红色；豆荚成熟延迟。

（2）产生原因　有机肥施用量不足或磷肥用量少。另外，早春地温低、造成磷的吸收受阻，以及土壤酸化等都容易导致缺磷。

（3）防治措施　施用适量的腐熟的有机肥作基肥，增施磷肥；缺磷时，可亩施过磷酸钙 15～20 千克，或用 $1\%\sim2\%$ 的过磷酸钙浸出液进行叶面喷施（低温季节最适宜用叶面喷施的办法补充磷），每隔 1 周喷 1 次，连喷 2～3 次。

3. 钾缺乏症

（1）主要症状　茎蔓纤细，下部老叶叶尖、叶缘黄化，叶片皱缩，严重时叶缘、叶尖褐变焦枯，并遍及全叶似火烧状；上部叶片淡绿色，叶缘和叶脉间褐色坏死；荚果短小。

（2）产生原因　土壤本身含钾量低，施用有机肥或钾肥量不足，容易出现钾缺乏症。另外，光照不足，土壤地温低、湿度大，铵态氮肥施用过量等原因都会导致氮缺乏症发生。

（3）防治措施　植株缺钾时，可立即亩追施硫酸钾等速效钾肥10～15千克，或用0.2%～0.3%的磷酸二氢钾进行叶面喷施，每隔1周喷1次，连喷2～3次。

4. 钙缺乏症

（1）主要症状　上部叶片叶脉间褪绿或黄化，幼叶卷曲，叶缘失绿后自叶尖或叶缘向内死亡，中下部叶片下垂并出现黄色或褐色斑块；植株矮小，茎生长点褐色坏死；幼荚生长发育受阻。

（2）产生原因　土壤钙不足，酸性土壤和沙性土壤容易缺钙。另外，施用铵态氮肥和钾肥过多，高温干旱、土壤过干等原因都会造成钙缺乏症的产生。

（3）防治措施　多施腐熟有机肥，促使钙的有效吸收。高温季节，及时灌水，保持土壤湿润。不要过多施用铵态氮肥和钾肥。出现缺钙症状时，及时施用过磷酸钙、钙镁磷肥等肥料，应急时，可叶面喷施0.1%～0.2%的氯化钙水溶液，每隔5～7天喷1次，共喷2～3次。

5. 镁缺乏症

（1）主要症状　植株下部老叶叶脉间出现斑点状黄化，逐渐向上部叶片蔓延，严重时，除叶脉保持绿色外，其余叶肉均呈黄白色，叶片提早脱落。

（2）产生原因　低温（地温低于15℃）会影响菜豆根系对镁的吸收。另外，一次性施入大量的铵态氮肥和钾肥，容易引起菜豆缺镁。

（3）防治措施　多施腐熟有机肥；早春和秋延后大棚栽培菜豆，在结荚期要提高地温，保持在15℃以上为宜；避免一次性过量施用氮、钾肥，以免阻止镁的有效吸收；植株缺镁时，及时亩施硫酸镁2～4千克，要和氮、磷、钾等肥料混合施用，应急时，可叶面喷施1%～2%硫酸镁溶液，每隔5～7天喷1次，连喷3～4次。

6. 铁缺乏症

（1）主要症状　先从新叶的叶脉间组织褪绿黄化，叶脉仍保留绿色，呈网状，严重时整张叶片变黄白色，干枯。

（2）产生原因　碱性土壤，或过干、过湿，地温低，通透性不良的土壤，影响根系的活力，容易产生缺铁。

（3）防治措施　增施铁肥，将优质有机肥和硫酸亚铁按照（100～200）：1的比例混合，堆置发酵7～8天后施用。保持土壤适宜的湿度，防止过干或过湿；注意不要和碱性肥料混合施用，以防硫酸亚铁失去肥效。应急时可喷施0.2%～0.5%的硫酸亚铁溶液。

7. 锰缺乏症

（1）主要症状　植株上部叶片叶脉间出现褪绿斑点，叶脉残留绿色，有时会出现条纹；籽粒变小，严重的导致坏死。

（2）产生原因　碱性土壤，有机质含量低的土壤容易缺锰。一次性施肥过量，造成局部土壤盐分浓度过高，也容易引发缺锰。

（3）防治措施　增施锰肥，亩用硫酸锰1～2千克和有机肥或酸性肥料混合施用，提高锰肥的肥效；多施有机肥，科学施用化肥；出现缺锰症状时，可用0.01%～0.02%硫酸锰喷施叶面。

8. 锌缺乏症

（1）主要症状　多发生在植株的中上部，叶片叶脉间褪绿黄化，逐渐全叶发黄（包括叶脉）；生长点附近节间明显萎缩变短，严重时坏死脱落，茎顶部簇生小叶，株型丛状，不开花结荚。

（2）产生原因　碱性土壤中锌不容易溶解，降低了锌的有效性。有机肥施用过量也会降低锌的有效性。过量施用磷肥的土壤，容易导致缺锌。

（3）防治措施　适量施用有机肥和磷肥。在播前或定植前亩用硫酸锌1～1.5千克，结合耕耙，均匀施用于土壤。当植株出现缺锌典型症状时，可用浓度为0.1%～0.2%的硫酸锌溶液进行叶面喷施。

9. 硼缺乏症

（1）主要症状　植株生长缓慢，生长点以及附近的叶片萎缩、变褐、干枯；上部幼叶呈浅绿色至黄色，叶片僵硬、畸形、宜折断；茎端分生组织坏死，花少甚至不能开花，茎节间缩短、扭曲，有时开裂；荚果表面出现木质化；豆荚种子粒少，严重时无粒；侧根生长不良。

（2）产生原因　沙性、酸性土壤中容易引发缺硼。土壤干燥和低温也会引发缺硼症的发生。钾肥施用量过大，也会影响植株对硼的吸收。

（3）防治措施　土壤缺硼要提前施用硼肥。可亩用硼砂 0.5～1 千克，与基肥混合均匀施用；增施腐熟有机肥，提高土壤肥力；适时浇水，保持土壤湿润；出现缺硼典型症状时，可亩用硼砂 0.3 千克或硼酸 0.2 千克，结合氮、磷、钾混合后追施，或用浓度 0.1%～0.2%的硼砂溶液进行叶面喷施。一般在苗期和结荚初期各喷 1 次。

10. 钼缺乏症

（1）主要症状　菜豆缺钼时，植株长势差，叶片发黄，根瘤不发达。多发生在上部叶片，幼叶褪绿淡黄，叶缘向内卷曲，叶尖萎缩，严重时叶片中脉坏死，叶片变形。

（2）产生原因　酸性土壤钼的活性较低，容易缺失。另外，有机质含量少，过磷酸钙等含硫肥料施用过量，都会导致土壤缺钼。

（3）防治措施　改良土壤，防止土壤酸化；酸性土壤施用钼肥时，结合施用石灰，效果更佳；应急时，可用浓度为 0.05%～0.1%的钼酸铵溶液进行叶面喷施，分别在苗期和开花期各喷 1～2 次。

11. 硫缺乏症

（1）主要症状　先表现在幼叶（芽），褪绿黄化（金黄色），后期老叶黄化并出现棕色斑点，幼叶心叶褪绿黄化比老叶要明显；植株矮小，茎细、分枝少；开花结荚延迟，豆荚数量减少。

（2）产生原因　氮、磷、钾肥料用量增加，造成养分比例失调，影响硫的吸收和利用。大量使用尿素、磷铵等高浓度、无硫肥料，而过磷酸钙、有机肥等含硫肥料用量逐年减少，补充给土壤的硫养分越来越少。

（3）防治措施　施用过磷酸钙、硫酸钾、硫酸铵等含硫肥料，适量施用有机肥。

（二）落花落荚及防治

菜豆开始花芽分化以后，短时间内花芽数很快增加，尤其是蔓生型菜豆，每株总花数 80～200 朵，但成荚率不会超过 40％，一般在 30％～40％，绝大部分的花、荚掉落。

1. 产生原因　菜豆营养生长和生殖生长之间养分供应不平衡，是导致其大量落花、落荚的内在因素。菜豆花芽分化较早，植株较早地进入营养生长和生殖生长的并进阶段，其间两者之间的养分竞争，往往导致菜豆落花落荚。如在开花初期，植株营养生长过旺，植株的碳氮比失调，养分不能均衡供应，使茎叶生长与开花之间、花序与花序之间、花序与豆荚之间以及豆荚与豆荚之间的养分激烈竞争，导致落花落荚。开花结荚盛期，常因肥水供应不足，植株出现早衰，而导致晚开的花、荚脱落。

另外，品种、物候期、温湿度、水分、光照、病虫害以及采收不及时等外在因素也会引起落花、落荚。

2. 防治措施

（1）选用抗逆性强、结荚率高的品种　如早春大棚栽培要选择耐低温、耐湿、耐阴的品种，夏秋高山栽培要选择耐热品种。

（2）选择适期播种期　根据各地气候条件，把菜豆开花结荚期安排在最适宜时间。平原地区菜豆栽培开花结荚期要避开 7～9 月的高温期。

（3）加强肥水管理　施足基肥，前期追肥轻施，开花结荚期重施，不偏施氮肥，增施磷钾肥。苗期控制浇水，初花期不浇水，开花结荚期要及时浇水，保持土壤湿润。雨后要及时排水。

（4）合理密植　确定合理的栽培密度，及时搭架引蔓，适时摘除老、病叶，加强植株间通风透光率。此外，做好病虫害防治，嫩荚及时采收。

（5）喷施植物生长调节剂　在菜豆开花结荚期，用萘乙酸5～20毫克/千克溶液，或对氯苯酚代乙酸 2 毫克/千克液喷花，可减少落花，提高结荚率。对菜豆留种株，用 5～25 毫克/千克赤霉素液喷在植株顶端，不仅可提高结荚率，还可促使种子提早成熟。

三、常用肥料种类及特点

（一）常用有机肥及特点

人们常把有机质含量高，来源于动植物有机体和畜禽粪便、人粪尿等废弃物，统称为有机肥料。习惯上也称之为农家肥。

1. 人粪尿　人粪尿是农民常用的一种养分含量高、肥效快，极易分解腐熟并适用于各种土壤和作物的有机肥料，包括人粪和人尿。

人粪尿含氮多，含磷、钾较少，腐熟分解快，肥效明显，所以人们常把人粪尿当作速效氮肥来施用。但人粪尿的养分多为有机态，因此，人粪尿必须经过贮存、腐熟后才可以被蔬菜作物吸收和利用。人粪尿的贮存方法主要有密闭沤制和高温堆制腐熟两种方法。需要引起注意的是，在沤制或腐熟过程中，切忌往人粪尿中加草木灰、石灰等碱性物质，否则会使氮素变成氨气挥发而损失肥效。

2. 畜禽粪便和厩肥　畜禽粪便包括猪粪、羊粪、牛粪和马粪以及鸡粪、鸭粪、鹅粪和鸽粪等。厩肥是指畜禽粪便和秸秆等垫圈材料及饲料残渣等混合堆积而成的肥料。厩肥和畜禽粪便都需要经过堆置腐熟后才能使用，一般用作基肥每亩施用量不超过 2 000 千克，而精制的商品有机肥每亩施用量为 300～500 千克。

（1）羊粪　羊粪质地细，含水量低，在堆积时发热量低于马粪高于牛粪，属"热性肥料"。家畜粪中养分（尤其是有机质和全氮）含量最高的是羊粪（表2）。羊粪养分含量较高，肥分浓厚，缓速兼备，宜与含水量较多的猪粪、牛粪混合堆积。

表 2　畜禽粪便的养分含量

单位:%

肥料种类	水分	有机质	氮（N）	磷（P_2O_5）	钾（K_2O）
羊粪	64.6	31.8	0.83	0.23	0.67
马粪	71.3	25.4	0.58	0.28	0.53
猪粪	72.4	25	0.45	0.19	0.6
牛粪	77.5	20.3	0.34	0.16	0.4

（2）猪粪　猪粪的质地较细，含有较多的有机物质和氮、磷、钾等养分。猪粪的主要成分包括纤维素、半纤维素、脂肪、有机酸、无机盐和蛋白质及其分解物。

（3）马粪　马粪质地粗松，养分含量中等，有机物含量高，含水量少。马粪中含有大量高温性纤维分解细菌，所以马粪容易分解，腐熟快。在堆积过程中能产生高温（最高可达 $60\sim70℃$），属"热性肥料"。因此，马粪作苗床的酿热填充材料，可提高苗床温度，促进秧苗生长。

（4）牛粪　牛粪质地致密，含水量多，发酵温度低，分解腐熟慢，肥效迟缓，属"冷性肥料"。牛粪相比其他家畜粪便，其养分含量最低。

表 3　新鲜禽粪的养分含量

单位:%

种类	水分	有机质	氮（N）	磷（P_2O_5）	钾（K_2O）
鸽粪	51	30.8	1.76	1.78	1.0
鸡粪	50.5	25.5	1.63	1.54	0.85
鸭粪	56.6	26.2	1.1	1.4	0.62
鹅粪	67.1	23.4	0.55	0.5	0.95

（5）禽粪　禽粪是鸡粪、鸭粪、鹅粪和鸽粪的总称。禽粪的有机质和氮、磷、钾等养分含量高于家畜粪便，而且养分比例较为均衡，容易堆积腐熟，是极好的有机肥料。在以上提到的 4 种家禽粪

便中以鸽粪养分含量最高，鸡粪、鸭粪次之，鹅粪养分含量最低（表3）。因为鹅的食物主要以草为主，而鸽、鸡和鸭都是杂食性动物，尤其是鸽和鸡主要以谷物杂粮为主要食物，所以养分含量高。

（6）厩肥 厩肥是由畜禽粪便和秸秆等垫圈材料及饲料残渣等混合堆积而成的肥料。不同的畜禽粪便和垫圈材料，其养分含量有较大的差异。据报道，每1 000千克厩肥平均约含氮5.5千克，磷（P_2O_5）2.5千克，钾（K_2O）6千克，有机质平均含量约为25%。在相同的垫圈材料下，养分含量以羊厩肥为最高，马厩肥、猪厩肥次之，牛厩肥最低。

3. 堆肥、沤肥 堆肥是利用作物秸秆、青草、落叶、绿肥等植物残体混合人粪尿、泥土，在地面堆积，由好气微生物分解腐熟而成；沤肥是利用作物秸秆、落叶、青草、绿肥等植物残体为主要原料，混合人粪尿、泥土，在常温、淹水的条件下，由微生物进行厌气分解而成。

堆肥虽然养分含量较低（表4），但有机质含量较高，而且原材料内一些病原菌和寄生虫卵在堆置发酵过程中都被杀死。因此，将堆肥用作化肥使用量大的蔬菜地块，尤其是设施栽培的菜地的基肥，每亩施用1 500~2 000千克，可以明显改良土壤的理化性状，防止土壤酸化、板结等。

表4 堆肥、沤肥营养成分

单位:%

种类	有机质	氮（N）	磷（P_2O_5）	钾（K_2O）
一般堆肥	15~25	0.4~0.5	0.18~0.26	0.45~0.7
高温堆肥	24~42	1.1~2	0.3~0.82	0.47~2.53
沤肥	6~13	0.2~0.4	0.14~0.26	0.29

4. 沼液、沼渣 沼液和沼渣是利用作物秸秆，杂草，人、畜粪便等在密闭环境下进行厌气发酵，制取沼气（甲烷）后残留的沼渣和沼液，是一种缓速兼备的优质有机肥料。沼渣属迟效性肥料，含全氮0.5%~1.2%，碱解氮430~880毫克/千克，速效磷50~

300 毫克/千克，速效钾 $0.17\%\sim0.32\%$，宜作基肥使用，一般亩施用量为 1 500 千克左右。沼液属速效性肥，含全氮 $0.07\%\sim0.09\%$，铵态氮 $200\sim600$ 毫克/千克，速效磷 $20\sim90$ 毫克/千克，速效钾 $0.04\%\sim0.11\%$，此外，还含有硼、锌、钙等元素，以及氨基酸和大量有机质，生产上常作追肥施用，亩施用量为 $1\,000\sim1\,500$ 千克，注意要开沟施用，施后立即覆土，以免氨气挥发造成危害。

5. 饼肥　饼肥是油料作物的籽实榨油后剩下的残渣。常见的饼肥包括大豆饼、花生饼、芝麻饼、菜籽饼、茶籽饼、棉籽饼等。一般饼肥中有机质含量 $75\%\sim85\%$，氮（N）含量 $2\%\sim7\%$，磷（P_2O_5）$1\%\sim3\%$，钾（K_2O）$1\%\sim2\%$。不同饼肥的养分含量不尽相同（表5）。饼肥中的氮主要是以蛋白质形态为主的有机氮存在，所以，饼肥只有被微生物发酵分解后，作物才能吸收。饼肥可作基肥，也可作追肥，其肥效快慢与土壤条件和饼肥的粉碎程度有较大关联。一般粉碎程度越高，腐烂分解和产生肥效就越快。做基肥时，要在作物定植前 1 周以上施入，施入前要堆制发酵 $2\sim3$ 周后方能使用。由于其养分较高，用量远小于一般有机肥。

表5　部分饼肥养分含量

单位:%

饼肥	氮（N）	磷（P_2O_5）	钾（K_2O）	饼肥	氮（N）	磷（P_2O_5）	钾（K_2O）
大豆饼	7.00	1.32	2.13	蓖麻籽饼	5.00	2.00	1.90
花生饼	6.32	1.17	1.34	菜籽饼	4.50	2.48	1.40
芝麻饼	5.80	3.00	1.30	桐籽饼	3.60	1.30	1.30
胡麻饼	5.79	2.81	1.27	棉籽饼	3.41	1.63	0.97
柏籽饼	5.16	1.89	1.19	茶籽饼	1.11	0.37	1.23

（二）常用化学肥料及特点

化学肥料是指用化学方法制造的或用矿石加工制成的肥料。包括：氮肥、磷肥、钾肥、复混肥料和微量元素肥料等几大类，简称化肥。

1. 氮肥 以氮素营养为主要成分的化学肥料。主要种类有尿素、硫酸铵、硝酸铵、碳酸氢铵以及氯化铵等。

（1）尿素 属酰胺态氮肥，为中性肥料，含氮量为46%，是固态氮肥中含氮量最高的肥料。尿素易溶于水，在常温下，每100千克水大致可溶解尿素53千克左右。尿素施入土壤后，在土壤微生物分泌的脲酶作用下，经一定时间水解生成碳酸铵或碳酸氢铵（夏季2～4天、冬季7～10天）后，才能被作物吸收利用。因碳酸铵极不稳定，所以，施用尿素后为提高肥效应深施覆土，以免养分损失。

尿素是一种高浓度的优质氮肥，适用于各种土壤和作物，可作基肥也可作追肥用，不宜作种肥。尿素分子小，易溶于水，水溶液呈中性，电离子小，对蔬菜茎叶损伤小，容易被蔬菜叶片吸收和进入叶细胞参与氮代谢，被植物吸收利用。所以，尿素特别适宜作物根外追肥。叶面喷施尿素的浓度因蔬菜种类、栽培条件以及生育期和气候条件不同而异，一般为0.2%～1.5%。

（2）硫酸铵 属铵态氮肥，含氮量20%～21%，因其肥效稳定，通常把它当作标准氮肥，商业上常以硫酸铵的含氮20%作为统计氮肥商品量的单位，所以又把硫酸铵称之为"标氮"。纯品硫酸铵为白色晶体，易溶于水，吸湿性小，不易结块，方便保存和使用。硫酸铵为生理性酸性速效氮肥，较适合于中性或碱性土壤中使用，在酸性、有机质含量少的土壤中不易使用，否则容易导致土壤酸化板结。

硫酸铵可作基肥、追肥和种肥使用，作基肥使用时每公顷用量为300～450千克，要注意深埋覆土，以利作物吸收利用，减少肥效损失。作追肥用量每公顷用量为150～300千克。硫酸铵不能和石灰、草木灰或钙镁磷肥等碱性肥料混合使用，以防降低肥效。

（3）硝酸铵 又称硝铵，属硝铵态氮肥，含氮量为32%～34%。硝酸铵为白色细粉状结晶或白色、浅黄色颗粒状，铵态氮和硝态氮各占一半，易溶于水，细粉状结晶，吸湿性强，易潮解结块，颗粒状产品不宜结块。硝酸铵施入土中溶解后，肥料中的铵离子和硝酸根离子均可被植物直接吸收利用，为生理中性速效性氮肥，适用于各种类型的土壤和作物。

硝酸铵适用于作物追肥，不宜作基肥，因为硝酸铵在土壤中溶解后的硝酸根离子不易被土壤吸附，容易随水淋失。同时，硝酸铵也不能作种肥，因其养分含量高，吸湿性强，在土壤含水量较低时，容易使土壤溶液浓度提高，影响种子发芽和作物根系生长。硝酸铵不能和石灰、草木灰等碱性肥料以及过磷酸钙等酸性肥料混合适用，以防降低肥效。

（4）碳酸氢铵　又称碳铵，属铵态氮肥，含氮量 16.5%～17%，是速效性氮肥。白色或浅灰色细粒结晶，易溶于水，水溶液 pH 8.0～8.4，呈碱性。

碳铵易分解挥发，其分解挥发速度快慢，取决于贮藏的温度和湿度条件。在低温干燥条件下较稳定，挥发性小，20℃时开始大量分解，超过 60℃分解剧烈。同时，碳铵有吸湿性，目前大多数产品的含水量达不到 5%以下，容易促使碳铵潮解、结块，而且水分含量越高，潮解越快。所以在运输和贮藏过程中防止挥发损失很重要。

碳酸氢铵施入土中后，其铵离子被土壤吸附利用，不宜随水淋失。碳酸根离子供应作物根部碳素营养。碳铵可作基肥和追肥，但要注意深埋覆土。不宜作种肥和根外追肥。同时要避免和石灰、草木灰以及钙镁磷肥等碱性磷肥混合施用。

（5）氯化铵　属铵态氮肥，含氮量 24%～26%，白色或淡黄色细粒结晶，吸湿性小，易溶于水，为生理酸性肥料。

氯化铵施入土壤后，生成的氯化物容易淋失，对土壤理化性状影响较大，易使土壤酸化，所以不能在酸性土壤中使用。在碱性或中性土壤中可作基肥和追肥用，但要注意深埋和覆土。不宜作种肥。对氯敏感的菜豆、小白菜、莴苣、马铃薯等蔬菜作物上慎用。

2. 磷肥　磷肥按照其磷酸盐的溶解性分为水溶性磷肥（过磷酸钙）、枸溶性磷肥（钙镁磷肥等）和难溶性磷肥（磷矿粉）。

（1）过磷酸钙　简称普钙，其有效成分为水溶性的磷酸一钙，含有效磷（P_2O_5）12%～18%，硫（S）10%～12%，钙（CaO）16.5%～28%，产品中还含有少量游离酸，呈酸性，易吸湿结块，贮运过程中要注意防潮。在酸性（pH<5）或石灰性（pH>7.5）土壤中，过磷酸钙中的磷容易被固定，移动性差，作物难以吸收利用。

过磷酸钙适用于各种作物，可作基肥、追肥，使用时可采用沟施、穴施等集中施用，或与有机肥混施。过磷酸钙也可作根外追肥，先将过磷酸钙 1 份和 5 份水搅拌配置成母液，静置过夜，取其上部清液，稀释成 1%～2% 的浓度，于晴天傍晚进行叶面喷施。过磷酸钙不宜直接作种肥，其含有少量游离酸会影响种子发芽和幼根生长。注意不能与碱性肥料混合施用，以防酸碱中和而降低肥效。

（2）钙镁磷肥　钙镁磷肥是磷矿粉加上一定比例的含镁、硅矿物，在高温下熔融、脱氟成玻璃态物质后冷却、干燥、磨细制成的多元肥料，灰绿色粉末状。所含成分复杂，一般磷（P_2O_5）的含量 12%～20%，氧化钙（CaO）含量 25%～40%，氧化镁（MgO）含量 8%～20%，二氧化硅（SiO_2）含量 20%～35%。钙镁磷肥不溶于水，无毒，无腐蚀性，呈碱性，不易吸湿结块。

钙镁磷肥施入土中，逐渐被作物吸收利用，肥效较慢，广泛适用于各种作物和酸性土壤。尤其适宜磷、钙淋溶严重的红壤和对磷、钙需要量较大的茄果类、瓜类、大白菜以及豆类等作物。

钙镁磷肥可作基肥、追肥和种肥。在使用时，作基肥最好先用10 倍以上的有机肥混合沤制后施用效果更好。追肥时间越早越好，追肥的位置要尽可能接近作物根部。钙镁磷肥不能与酸性肥料混施，以免降低肥效。

（3）磷矿粉　磷矿粉是磷矿石经机械加工磨细而成。颜色灰色或灰褐色，含磷（P_2O_5）在 10%～25%，难溶于水，不吸湿结块，呈中性或微碱性。

磷矿粉施入土中，在酸的作用下，逐渐转化为作物能够吸收利用的有效磷，因此，在酸性土壤中，磷矿粉肥效更明显。可作基肥，不宜作追肥和种肥。配合有机肥或与过磷酸钙混用，有利于磷矿粉肥效的发挥。

3. 钾肥　常用的钾肥主要包括硫酸钾、氯化钾和草木灰 3 种。

（1）硫酸钾（K_2SO_4）　呈白色或淡黄色，结晶或粉末状，含钾（K_2O）48%～52%、硫（S）18%。易溶于水，吸湿性小，不易结块，贮运和适用都比较方便。硫酸钾属生理酸性肥料，施入土中会使土壤酸化。因此，在酸性土壤中使用要配施石灰。硫酸钾可作基肥、追肥，也可作根外追肥。

（2）氯化钾（KCl）　呈白色或淡砖红色颗粒状结晶，含钾（K_2O）50%～60%，是含钾量较高的速效钾肥。易溶于水，吸湿性不是很强，但在潮湿或长时间贮存的条件下也会结块。属生理酸性肥料。

氯化钾施入土中，钾离子被作物根系吸收或被土壤吸附，而氯离子则残留在土壤中，与氢离子结合形成盐酸，长期适用会导致土壤酸化。因此，在酸性土壤中使用应当配合有机肥或碱性肥料使用。氯化钾可作基肥和追肥，不易作种肥和叶面喷肥，施用时应深施埋土。对氯敏感的菜豆、小白菜、莴苣、马铃薯等作物上慎用。

（3）草木灰　又称火灰，是作物秸秆、杂草、残枝落叶燃烧后的灰分，主要成分是碳酸钾，其水溶液呈较强的碱性，含有少量的氯化钾、硫酸钾，都是速效钾肥。含钾量随灰分原料不同而不同，一般含钾（K_2O）量 2%～13%，木材灰含钾（K_2O）约 10%左右，稻草灰含钾（K_2O）约 2%，麦草灰含钾（K_2O）约 12%。草木灰是农村广泛施用的钾肥肥源之一。

草木灰适用于除盐碱地以外的任何土壤，尤其适用于酸性土壤，可作基肥和追肥，亩用量在 60～100 千克。也可作种肥和蔬菜苗床的覆盖物。不宜与硫酸钾、氯化钾、碳酸氢铵、硝酸铵以及人粪尿等混合施用。

4. 复混肥料　指在氮（N）、磷（P_2O_5）、钾（K_2O）3 种营养元素中，至少有两种或两种以上的肥料。含氮（N）、磷（P_2O_5）、钾（K₂O）任何 2 种养分的肥料称二元复混肥，同时含有氮（N）、磷（P₂O₅）、钾（K₂O）3 种养分的肥料称三元复混肥。

（1）二元复混肥　常用二元复混肥主要成分及使用方法见表 6。

表 6　常用二元复混肥主要成分及使用方法

名称	有效养分（%）		施用方法
	氮、磷、钾	总养分	
磷酸一铵	12 - 52 - 0	64	用于需磷较多的蔬菜和土壤，以基肥和早期追肥为主，一般亩用 10～20 千克为宜，需配合施用氮、钾肥
磷酸二铵	18 - 46 - 0		
磷铵	25 - 25 - 0	50	以基肥和早期施用为主，一般亩施 15～20 千克
	28 - 14 - 0	42	
硝酸钾	13 - 0 - 45	58	不宜作基肥，作追肥时亩用量 10～15 千克，配合施用氮、磷肥，叶面追肥浓度为 0.6%～1%。可消除缺钾症状
磷酸二氢钾	0 - 52 - 32	96	价格贵，适合拌种、浸种和叶面喷施。拌种浓度为 1%～2%；浸种浓度以 0.2%为宜；常用作叶面追肥浓度为 0.2%～0.5%，适当加入尿素、微量元素喷施，效果更佳

（2）三元复混肥　市场上三元复混肥配比类型多样，按其氮素原料不同可合成硫磷钾型、尿磷钾型、硝磷钾型以及氯磷钾型 4 种类型；按照加工工艺不同可以分成化学合成和团粒或挤压造粒型两大类。常见 15 - 15 - 15 是氮、磷、钾比例为 1：1：1 的通用型三元复合肥，是我国化学合成型复合肥的主要品种。

（3）有机-无机复混肥　在有机肥中添加一定数量的氮、磷、钾的化学肥料而制成的复混肥。有机-无机复混肥中的有机肥原料一般以植物残体或动物排泄物，如腐殖酸、泥炭、畜禽粪、蚕砂等原料为主，其一方面提高了有机肥中营养成分的含量，另一方面增强了肥效的速效性，综合了有机肥和无机肥的优点，使用更方便，效果更好。适宜作基肥，一般茄果类、豆类蔬菜亩用量为 100～150 千克，施用时必须深施覆土和配合速效氮肥。

（4）微量元素肥料　微量元素肥料种类较多，常用的有硼肥、钼肥、铁肥、锌肥、锰肥和铜肥等几种。常见微量元素肥料特性和使用见表7。

表7　常见微量元素肥料特性及使用方法

名称	有效成分含量（%）	性质	施用方法
硼砂	11.3	白色结晶，溶于水	作基肥，亩施 0.5～1 千克，与其他肥料混合均匀，每 2 年用 1 次；叶面肥喷施浓度为 0.1%～0.2%
钼酸铵	49	青白色结晶，溶于水	作基肥，亩施 10～50 克，与其他肥料混合均匀，每 3 年用 1 次；浸种用 0.05%～0.1% 浓度浸 12 小时；拌种，每千克种子用钼酸铵 2～4 克；叶面喷施浓度为 0.05%～0.1%
硫酸锌	24	白色或浅橘红色结晶，溶于水	作基肥，亩施 1.0～2.0 千克，与细土或尿素混合均匀，每 3 年用 1 次；浸种用 0.02%～0.05% 浓度浸 6 小时；拌种，每千克种子用硫酸锌 3～4 克；叶面喷施浓度为 0.05%～0.2%
硫酸铜	25	蓝色结晶，溶于水	作基肥，亩施 1.0～2.0 千克，每 4～5 年用 1 次；拌种，每千克种子用硫酸铜 1～2 克；叶面喷施浓度为 0.02%～0.04%
硫酸锰	26～28	粉红色结晶，溶于水	作基肥，亩施 1.0～2.0 千克，与肥料混合均匀作底肥，每 3 年用 1 次；浸种用 0.05%～0.1% 浓度浸 8～12 小时；拌种，每千克种子用硫酸锰 5～7 克；叶面喷施浓度为 0.05%～0.1%
硫酸亚铁	19	淡绿色结晶，溶于水	作基肥和叶面追肥用，基肥一般用与 20 倍的有机肥料混合均匀作底肥，叶面喷施浓度为 0.05%～0.1%

第六章　菜豆病虫草害识别与防治

一、菜豆主要病害识别与防治

(一) 非侵染性病害

1. 有毒气体

（1）氨气

症状：多从植株下部叶片开始，初期受害叶片呈水浸状，后褪绿呈淡褐色，并且叶尖、叶缘干枯下垂，幼芽或生长点萎蔫，严重的叶片迅速干枯，整株生理失水枯死。

发生原因：大棚菜豆施用未腐熟的人粪尿、饼肥等有机肥，或施用过量的尿素、碳铵、硫酸铵等氮素化学肥料，在棚内高温高湿条件下，容易产生氨气。另外，直接在畦面撒施碳铵等速效氮肥，容易导致棚内氨气浓度升高，据测定，棚内氨气浓度达到5厘米^3/米^{3}时，就会出现危害症状。

防治措施：杜绝施用未发酵腐熟的有机肥。均衡、适量施用氮、磷、钾肥料，施后要深埋覆土。施肥后要加强棚内的通风换气，降低棚内有害气体的浓度。出现危害时，及时喷施叶面宝等叶面肥，促进受害植株生长。

（2）亚硝酸气体

症状：初期，叶缘、叶尖出现水渍状，几天后变白、干枯，后在叶脉间形成黄白色病斑，病健交界处明显，急性危害时，叶片呈不规则白色病斑，严重时，整张叶片干枯。

产生原因：大棚菜豆施用过量氮肥，当地温较低时，氮肥的硝化过程受到阻碍，亚硝酸态氮会在土壤中聚集积累，在土壤酸化情况下（pH<6），亚硝酸气体（NO_2）会从土中溢出，当棚内亚硝酸气体浓度达到2厘米^3/米^{3}时，就对菜豆产生危害。连续阴雨天

后骤晴，危害更明显。

防治措施：施用充分腐熟的有机肥作基肥，追肥时要少施勤施，及时浇水。加强中耕松土，提高地温。加强通风换气。产生危害后应及时喷施叶面肥加以缓解。

2. 药害及防治措施

豆科蔬菜对药剂敏感，尤其对铜制剂、嘧霉胺（施佳乐）、乙霉威、吡虫啉等药剂敏感，若施用不当或浓度过大，极易造成药害。一般表现为叶片出现斑点、穿孔、焦化、卷曲、失绿或白化等症状。根部受害的表现为根系粗短肥大，根毛稀少，根皮褐色甚至腐烂。植株受害表现为落花落果，果实畸形变小。

（1）铜制剂

症状：豆科蔬菜对氢氧化铜等含铜药剂比较敏感，按常规方法喷雾，尤其在高温、高湿条件容易产生药害，致使植株生长缓慢、叶片皱缩，症状很像病毒病，但病毒病一般是点片发生，且扩展速度较慢。

补救措施：铜制剂在菜豆上应慎用，使用时最好降低喷施浓度。①迅速喷淋清水，清洗残留药液，也可在清水中加入适量草木灰中和或化解药剂，大棚栽培的要加强通风换气，及时排除有害气体。②对灌根防治的要及时灌水洗药降毒。③症状缓解后，适量追施复合肥和叶面喷施磷酸二氢钾等叶面肥，促进植株恢复生长。

（2）嘧霉胺

症状：嘧霉胺属苯胺基嘧啶类杀菌剂，对灰霉病效果好。具有很强的内吸传导作用，施药后能迅速达到植株的花、幼果等喷药无法达到的部位杀死病菌。但在豆类生产上施用不当容易造成叶片变黄，干枯，生成褐斑，严重甚至叶片脱落，同样花果也会造成脱落等药害。

补救措施：①迅速喷淋清水，清洗残留药液，喷水量要大，以叶片滴水为宜。②大棚栽培的要加强通风换气，降低湿度。③及时摘除受害豆荚、叶片和枝条，防止植株内药液继续传导和渗透。④及时中耕松土，适量追施复合肥和叶面喷施 1% 的尿素加 0.2%

的磷酸二氢钾叶面肥，促进植株恢复生长。

（二）侵染性病害

菜豆病虫害防治要坚持"预防为主，综合防治"为植保方针。在药剂防治上，要以"早治"为原则，选准对口农药，并注意交替使用农药。严禁使用剧毒农药，大力推广使用生物农药和低毒低残留农药，同时要注意农药的安全间隔期。

1. 菜豆猝倒病

症状：危害出土和未出土的幼苗。出土前，造成烂种。出土后，子叶展开后即可被害，初始病苗基部产生水渍状病斑，很快变成褐色、缢缩呈线状，在子叶尚未萎蔫前，幼苗猝倒在地，高温高湿条件下，病部产生棉絮状白霉。

病原：鞭毛菌亚门腐霉属真菌。

发病规律：病菌以卵孢子在土壤中或病残体上越冬，条件适宜时，产生游动孢子或直接侵入寄主，病菌借雨水、灌溉水传播。地温低，湿度大极易诱发此病，光照不足，幼苗徒长、抗病力下降，也易发病。在低温高湿环境下此病发展极快。

防治要点：

①苗床选择。选择地势高燥地块作苗床，播前进行床土消毒。每平方米床土可用50%多菌灵可湿性粉剂8～10克，加细干土20～30kg混合均匀，于播种前用。②种子处理。播前进行可用65%的代森锌可湿性粉剂进行拌种，用量为种子重量的0.3%。③加温育苗。可采用电热温床和人工控温等方法育苗，苗床温度适宜，秧苗健壮生长，可减轻病害发生。④药剂防治。发现病苗要及时清除。发病初期用70%代森锰锌可湿性粉剂500倍液，或75%百菌清可湿性粉剂600倍液等药剂喷雾防治，主要喷幼苗茎基部及地面，每7～10天喷1次，连喷2～3次。

2. 菜豆根腐病

症状：菜豆根腐病是露地和保护地栽培主要病害。主要危害根或茎基部，不向上部延伸发展。一般出苗后1周开始发病，3～4

周进入发病高峰。下部叶片变黄，叶缘枯萎，但不脱落。拔出根系观察，病部产生褐色或黑色斑点，由侧根向主根蔓延，病株侧根稀少，容易拔出，剖视根茎部维管束变为暗褐色或红褐色。当根系腐烂或坏死时，植株便枯萎死亡。湿度大时，病部产生粉红色霉状物，即病菌的分生孢子。

病原：菜豆腐皮镰孢属半知菌亚门链孢属真菌。

发病规律：病菌可在病残体或厩肥及土壤中存活多年，无寄主时可腐生 10 年以上。种子不带菌，初侵染源主要是带菌肥料和土壤，通过工具、雨水及灌溉水传播蔓延。高温高湿利于该病发展，连作、地势低洼、排水不良，发病较重。

防治要点：①选用抗病品种，播前用种子重量 0.5％的 50％多菌灵可湿性粉剂拌种。②与非豆科作物进行 3 年以上轮作。③加强管理。采用深沟高畦，施用腐熟有机肥，增施磷、钾肥，及时清除田间病残株，雨后及时排水。④药剂防治。当田间出现零星病株时，利用药剂浇灌根部和四周土壤，药剂可选用 50％多菌灵可湿性粉剂 500 倍液，或 64％杀毒矾可湿性粉剂 500 倍液，或 20％噻菌酮悬浮剂 400 倍液，或 70％丙森锌可湿性粉剂 600～800 倍液，每隔 5～7 天灌根 1 次，连灌 2～3 次，每次灌药约 250 毫升。注意农药交替使用。

3. 菜豆枯萎病

症状：一般在花期开始发病，发病后，病株下部叶片先发病，嫩叶萎蔫变褐色，后逐渐向上发展，叶片叶脉褐色，临近叶脉两边的叶肉组织褪绿变色，最后整张叶片枯黄、脱落。病株根系发育不好，侧根少，根部变褐腐烂，容易拔起。结荚减少，有些豆荚背部腹缝合线出现黄褐色。剥离茎基部的皮层，可见维管束颜色呈黄色至黑褐色。湿度大时，病部产生粉红色霉状物。初发时病株中午萎蔫，早晚能恢复，严重时植株死亡，进入结荚盛期后，病株大量枯死。

病原：半知菌亚门尖孢镰孢菜豆专化型真菌（*Fusarium oxysporum* f. sp. *phaseoli* Kendrick & Snyder）。

发病规律：病菌以菌丝、厚垣孢子、菌核在种子、土壤、病残体和肥料中越冬，成为初侵染源。种子可以带菌，并成为远距离传播的主要途径。病菌通过根部伤口或根毛顶端细胞侵入，进入寄主导管内发育，随水分的输送，迅速向植株的顶端扩展。病菌繁殖，堵塞导管，引起植株萎蔫。病菌随灌溉水、农事操作进行短距离传播，扩大危害。病害的发生与温度、湿度的关系较密切。发病的最适温度为 24～28℃，相对湿度 80%以上。管理粗放，重茬连作，土壤黏重、肥力不足的地块发病重。

防治方法：①种植抗病品种，选用无病种子。播前用种子量的 0.3%～0.4%的 50%多菌灵可湿性粉剂拌种，或用 50%多菌灵可湿性粉剂 500 倍液浸种 4 小时，浸种后用清水洗净、晾干备用。②合理轮作，深沟高畦，增施磷、钾肥，加强通风，降低湿度。及时清除病株，彻底销毁或深埋。③药剂防治。发现零星病株时，及时防治。可用 50%多菌灵可湿性粉剂 500 倍液，或 60%吡唑醚菌酯·代森联水分散粒剂 1 500 倍液，或 10%苯醚甲环唑（世高）水分散粒剂 1500 倍液等药剂灌根，每株用量 250 毫升，每隔 7～10 天灌 1 次，连灌 1～2 次。

4. 菜豆锈病

症状：菜豆生长中后期发生，主要侵染叶片，严重时茎、蔓和荚均可受害。叶片发病，初始出现褪绿小黄点，逐渐扩展为凸起，近圆形的黄褐色泡状斑（即夏孢子堆），四周有黄色晕圈，病斑破裂后散发出红褐色粉末（即夏孢子）。菜豆生长后期，夏孢子堆附近另生出黑褐色多角形至不定型稍隆起斑点（即冬孢子堆），发病严重时，可扩张至整张叶片，并引起受害叶片枯黄脱落。茎蔓染病初生凸起、褐色长条状孢斑（夏孢子堆），病斑破裂散发出夏孢子，后期转化为黑褐色冬孢子堆并散发出黑色冬孢子；豆荚发病产生暗褐色孢斑，病斑破裂产生铁锈色粉末状物，失去商品价值。

病原：疣顶单胞锈菌（*Uromyces appendiculatus*）和菜豆单胞锈菌（*U. phaseoli*），属担子菌亚门真菌。

发病规律。病菌以冬孢子随病残体在土中越冬，第二年春季，环境适宜时，产生担子和担孢子，随气流传播，由叶面气孔侵入，引起初侵染。病斑产生夏孢子堆，散发夏孢子，随雨水、气流以及农事操作传播形成再侵染，后产生冬孢子越冬。高温高湿是诱发菜豆锈病发生的主要因素，寄主表皮上的水滴是病菌孢子萌发和侵入的必要条件。病菌喜欢温暖湿润的环境条件，在温度 20～26℃，相对湿度 95％以上最适宜发病。此外，多雾、多雨、多年连作、排水不良、通风透光差、种植密度高，氮肥过多的地块发病重。

防治要点：①农业防治。选用抗病品种。实行与非豆科蔬菜 2～3 年轮作。②加强管理。多施有机肥，增施磷、钾肥。合理密植，及时摘除下部病叶、老叶和病荚，加强通风透光，及时清除田间残枝落叶，减少病原。③药剂防治。发病初期，选用 10％苯醚甲环唑（世高）水分散粒剂 1 000～1 500 倍液，或 40％氟硅唑（福星）乳油 6 000 倍液，或 15％三唑酮（粉锈宁）可湿性粉剂 1 000 倍液，或 62.25％腈菌锰锌可湿性粉剂 600 倍液等，进行喷雾防治，每隔 7～10 天喷 1 次，连喷 2～3 次。注意药剂交替使用。

5. 菜豆灰霉病

症状：菜豆灰霉病是常发性病害，多在保护地发生。可侵染植株各个部位。①苗期。叶片染病呈水渍状，软化下垂，叶缘出现灰色霉层。②成株期。茎蔓被害发病始于根须向上 10 厘米处，产生中间淡棕色或浅黄色，边缘深褐色的云纹状病斑，湿度大时，病斑表面产生灰白色霉层，干燥时病斑表皮破裂成纤维状。病菌也可从分枝处侵入，形成凹陷水渍状病斑，绕茎一周后，上部茎蔓萎蔫，潮湿时病斑表面着生灰白色霉层；叶片染病形成较大的轮纹病斑，湿度大时着生灰色霉层，后期病斑易破裂；豆荚受害时，先侵染凋谢的花，后传染到荚果，病斑开始淡褐色，湿度大时变褐色软腐，表面着生灰色霉层。

病原：灰葡萄孢菌（*Botrytis cinerea* Pers. ex Fr.）属半知菌亚门真菌。

发病规律：病菌主要以菌核或菌丝体以及分生孢子随病残体在土壤中越冬或越夏，成为初侵染源。翌年，温、湿度条件适宜时，从伤口以及衰落、枯死组织侵入，形成再侵染，病菌在田间可通过风、雨、灌溉水以及农事操作等途径传播。病菌喜低温、高湿环境，温度20℃左右，相对湿度大是发病的重要条件。栽培过密、光照不足、通风不良以及植株衰败的地块发病重。大棚栽培的菜豆易发病。

防治要点：①农业防治。与非豆科蔬菜轮作2～3年。深沟高畦并覆盖地膜，加强棚内通风，降低湿度。合理密植，及时清除残花败枝和病果，并及时销毁。②药剂防治。发病初期，可选用50％腐霉利可湿性粉剂1 500倍液，或40％嘧霉胺悬浮剂1 000倍液，或50％乙烯菌核利可湿性粉剂1 500倍液，或50％异菌脲可湿性粉剂1 000倍液进行喷雾防治，每隔7天喷1次，连喷3次。大棚栽培的菜豆，在发病初期可用10％腐霉利烟剂每亩250克，或45％百菌清烟剂每亩250克，于傍晚闭棚点燃。

6. 菜豆炭疽病

症状：菜豆的叶、茎、豆荚均可感病。①幼苗期。子叶、叶柄、茎上出现红褐色不规则形病斑，呈凹陷溃疡状，严重时幼苗倒伏枯死。②成株期。叶片上病斑始于背面，初始叶脉上出现红褐色条斑，后扩展形成三角形或多角形网状斑；叶柄和茎上病斑呈条状，凹陷龟裂，严重时，叶片萎蔫枯死；豆荚染病，初始为水渍状褐色小斑，扩展后变成褐色或黑褐色圆形或椭圆形病斑，中间凹陷，边缘隆起，周边常具红褐色或紫色晕圈，遇潮湿天气，病斑表面溢出粉红色黏稠物；种子染病着生黑褐色大小不等的凹陷斑，容易腐烂。本病在采后贮运过程中仍可继续发生。

病原：菜豆炭疽菌 [*Colletotrichum lindemnthianum*（Sacc. et Magn.）Br. et Cav.]，属半知菌亚门真菌。

发病规律：以菌丝体潜伏在种子或病残体上越冬，翌年春天气候适宜条件下产生分生孢子后形成初侵染，经风、雨、昆虫传播进行再次侵染。病菌喜欢凉爽、高湿环境条件，在温度17℃，空气湿度100％的环境下最适宜。多雨、多雾冷凉地区和多年连作、地势低洼、通风透光差、土壤黏重地块发病重。

防治要点：①农业防治。选用无病种子，播前用 6％二嗪农＋18％克菌丹＋14％甲基硫菌灵 197.6 克/公顷进行拌种。②与非豆科蔬菜进行 2～3 年的轮作，选择地势较高，排水良好的地块种植。③合理密植，加强管理，及时清除残枝落叶。④药剂防治。发病初期即可开始防病，分别在 4 叶 1 心期，全花期各防 1～2 次，每次间隔 5～7 天。药剂可选用 50％醚菌酯（翠贝）干悬浮剂 3 000～4 000 倍液，或 10％苯醚甲环唑（世高）1 000～1 500 倍液，或 25％嘧菌酯（阿米西达）悬浮剂 1 000～1 500 倍液，或 70％代森联（品润）干悬浮剂 600～800 倍液等，进行喷雾防治，注意药剂交替使用和注意农药安全间隔期。

7. 菜豆菌核病

症状：菜豆菌核病主要发生在保护地栽培和老产区。发病时，多从茎基部或第一分枝分权处开始，初为水渍状，逐渐发展呈灰白色，绕茎一圈后，皮层组织腐烂缢缩或发干开裂，呈纤维状，潮湿时，病斑表面形成棉絮状白色霉层，茎基部组织中腔里生成鼠粪状黑色菌核，发病严重时，导致植株萎蔫枯死。

病原：*Sclerotinia sclerotiorum*，属子囊菌亚门核盘菌属真菌。

发病规律。菜豆菌核病病菌以菌核在种子、病残体上越冬，翌春温湿度条件适宜时，越冬菌核萌发产生子囊盘，子囊盘成熟后射出子囊孢子，子囊孢子随气流传播到寄主上，由伤口侵入或直接侵入，形成初侵染。在田间得再侵染，主要以子囊孢子和菌丝借露水、气流、雨水侵染传播，蔓延。病害一般在冷凉潮湿的条件下易发生。发生的适宜温度为 5～20℃，相对湿度 100％。连作重茬、管理粗放、通风透光不良、肥力不足的地块发病重。

防治要点。①种子处理。带有菌核及病株残屑的种子，播前可用 10％盐水浸种，彻底剔除菌核，用清水洗净后播种，或用种子重量的 0.3％的 50％福美双粉剂拌种。②农业防治。与水稻实行水旱轮作。拉秧时清除病残体。结合整地进行深耕，将菌核埋入土壤深层。增施磷钾肥提高植株抗性。实行地膜覆盖，阻隔子囊盘出土。及时摘除老叶等。③药剂防治。发病初期及时喷药保护，对老叶与植株基部土壤重点喷药。常用药剂有 40％菌核净可湿性粉剂 1 000～1 500 倍液，或 50％腐霉利可湿性粉剂 500～1 000 倍液，或 50％乙烯菌核利可湿性粉剂 1 000～1 200 倍液，或 40％噻菌灵悬浮剂 600～800 倍液等，喷雾防治，每隔 7～10 天喷一次，连喷 2～3 次。

8. 菜豆白绢病

症状：此病主要为害茎基部、根和豆荚，病部初呈暗褐色水渍状病斑，表面生白色绢丝状菌丝体集结成束，向茎上部呈辐射状延伸，顶端整齐、有时菌丝从病茎向四周地面扩展。待病斑绕茎基一周后，叶片迅速萎蔫，最后整株枯死。根部发病，皮层腐烂，在病根上产生稀疏的白色绢丝状菌丝体。与地面接触的豆荚也可发病，使豆荚湿腐并在表面产生稀疏的白色绢丝状菌丝体，发病后期在白色绢丝状菌丝体上形成菜籽状菌核，初为白色，后为附色或深褐色。

病原：齐整小核菌（*Sclerotium rolfsii* Sacc.），属半知菌亚门真菌。

发病规律：病菌以菌核在土壤中越冬，在自然条件下经过 5～6 年仍有萌发能力。菌核萌发产生菌丝侵入危害。在田间病菌主要通过雨水、灌溉水、肥料及农事操作等传播蔓延。高温潮湿，种植过密，通风透光不良，连作地发病较重。

防治方法：①选用无病种子。若种子带有菌核，可用 10％盐水浸种，彻底剔除菌核。②农业防治。实行轮作，及时清除病株，结合整地进行深耕，将菌核埋入土壤深层，增施磷、钾肥提高植株抗性。③药剂防治。同菜豆菌核病。

9. 菜豆白粉病

症状：主要危害叶片，茎蔓和豆荚也可感病。叶片初发病时，在叶背出现近圆形褐色小斑，后扩大成不规则棕色或褐色病斑，上生粉状白色霉层（叶背或叶面），发病严重时粉状霉层布满全叶，叶片迅速枯黄脱落。茎蔓和豆荚染病时，产生白色粉状霉层，致使茎蔓干枯，荚果发育迟缓或畸形干缩。

病原：蓼白粉菌（*Erysiphe polygoni*），属子囊亚门真菌。

发病规律：病菌以菌丝体在土壤中或病残体上越冬，翌年春季进行初侵染，后通过雨水、气流传播，引发多次再侵染。在温暖、潮湿气候条件易流行。此外，多年连作、地势低洼、种植密度大、土壤黏重以及排水不良管理粗放地块发病重。

防治要点：①农业防治。选用抗病品种。与非豆科蔬菜轮作。增施磷、钾肥，加强管理，及时清理植株病残体。②药剂防治。发病初期选用10%苯醚甲环唑（世高）2 000倍液，或50%醚菌酯（翠贝）干悬浮剂3 000倍液，或20%三唑酮乳油2 000倍液，或62.25%腈菌锰锌可湿性粉剂600倍液等进行喷雾防治，每隔5～7天喷1次，连喷2～3次。药剂交替使用，收获前7天停止用药。

10. 菜豆褐斑病

症状：又称褐纹病，主要危害叶片，初始在叶片正反两面出现褐色斑点，后扩展成直径10～20毫米，近圆形或不规则形褐色病斑，病斑上有明显轮纹，中央赤褐色至灰褐色，边缘明显且颜色略深。湿度大时叶背病斑上产生灰色霉状物，即病菌分生孢子梗和分生孢子。

病原：此病假尾孢菌（*Pseudocercospora cruenta*），属半知菌亚门真菌侵染引起。

发病规律：菜豆褐斑病以菌丝随病残体越冬，翌年气温适宜条件下，产生分生孢子由气流传播蔓延进行初侵染。病斑产生的分生孢子通过雨水、气流传播进行再侵染。由于田间寄主终年存在，侵染周而复始终年不断，无明显越冬或越夏期。该菌喜欢高温、高湿条件，发病适宜温度为30℃。高温雨季易发病，连作地、种植过密、偏施氮肥地块发病重。

防治要点：①农业防治。合理密植，保持通风良好，漫灌，雨后及时排水，收获后及时清除病残体，集中深埋或烧毁；②药剂防治。在发病初期可选用25%嘧菌酯（阿米西达）悬浮剂1 000～1 500倍液，或10%苯醚甲环唑（世高）1000～1500倍液，或50%醚菌酯（翠贝）干悬浮剂3 000～4 000倍液，或70%代森联（品润）干悬浮剂 600～800 倍液等进行喷雾防治，5～7 天喷 1 次，连喷 2～3 次。注意药剂交替使用和注意农药安全间隔期。

11. 菜豆角斑病

症状：主要在花期后发病，为害叶片，产生多角形黄褐色斑，后变为紫褐色，叶背簇生灰紫色霉层（即病菌的分生孢子梗和分生孢子）。严重时荚果发病，荚上出现直径 1 厘米或稍大的大块病斑，病斑边缘紫褐色，中间黑色，后期密生灰紫色霉层，病斑不凹陷。严重时可使种子霉烂。

病原：灰拟棒束孢（*Isariopsis griseola* Sacc.）和褐柱丝霉[*Phaeoisariopsis griseola*（Sacc.）Ferraris]，属半知菌亚门真菌。

发病规律：以菌丝块或分生孢子在种子上越冬，翌年环境条件适宜时，产生分生孢子引起初侵染，危害叶片，后产生分生孢子进行再侵染，扩大危害。秋季危害豆荚，并潜伏在种子上越冬。该病一般在秋季发生重。

防治要点：①选用无病种子，并用 55℃温水浸种 10 分钟进行种子消毒；②发病重的地块收获后进行深耕，有条件的可行轮作。③药剂防治。发病初期可用 77％氢氧化铜（可杀得）可湿性微粒粉 500 倍液，或 64％杀毒矾可湿性粉剂 500 倍液，或 20％（噻菌酮）龙克菌悬浮剂 400 倍液等药剂进行喷雾防治，隔 7～10 天喷 1 次，共喷 2～3 次。

12. 菜豆细菌性疫病

症状：菜豆细菌性疫病又叫火烧病、叶烧病，以秋菜豆发病普遍，是菜豆的常见病害之一。菜豆的地上部分都可以发病，以叶片为主。受害叶片的叶尖和叶缘初呈暗绿色水渍状小斑点，后逐渐扩大呈不规则形褐色病斑，病斑中部呈半透明状，干燥时易破碎，周围有黄绿色晕圈，严重时病斑相连似火烧状，全叶枯死，但不脱落。湿度大时，病斑上分泌出黄色菌脓，部分病叶腐烂变黑，嫩叶扭曲畸形。茎蔓染病，病斑呈条状红褐色溃疡，中央略凹陷绕茎一圈后，上部茎蔓、叶片萎蔫、枯死。豆荚上病斑多为不规则或近圆形，呈红褐色或褐色，严重时豆荚皱缩，致使种子染病，产生黑色或黄色凹陷斑，种脐部溢出黄色菌脓。

病原：油菜黄单胞菌菜豆致病变种［*Xanthomonas campestris* pv. *phaseoli* （E. F. Smith） Dye］，属细菌黄单胞菌属。

发病规律：病菌主要在种子内潜伏越冬，也可随病残体在田间土壤中越冬。播种带菌的种子，幼苗即可染病，产生菌脓后经风雨传播，也可借昆虫及农事活动传播。病菌发育适温 30℃，相对湿度 85% 以上，高温、高湿是发病的重要条件。大棚通风不良，温度高，湿度大易发病，露地春夏季，多雨、多雾、多露发病重。重茬种植，肥力不足，管理粗放地块发病也较重。

防治要点。①选用无病种子。播前用 50℃ 温水浸种 15 分钟后晾干再播。②农业防治。与葱蒜类及非豆科蔬菜轮作，间隔 2～3 年；拉秧时清除植株残体，采用高畦栽培，地膜覆盖，增施腐熟有机肥，大棚栽培需加强通风，避免高温高湿环境，促进植株健壮生长，提高抗病性。③药剂防治。在发病初期可选用 72% 硫酸链霉素可溶性粉剂 4 000 倍液，或 50% 春雷·王铜可湿性粉剂 500～700 倍液，或 77% 氢氧化铜可湿性粉剂 5 00～700 倍液，或 20% 噻菌铜悬浮剂 500 倍液喷雾防治，每隔 7 天 1 次，连续喷药 3～4 次。

13. 菜豆斑点病

症状：主要危害叶片。叶片发病时，病斑呈圆形或近圆形，叶尖或叶缘部位感病，病斑呈半圆形，大小为 2～16 毫米或更大，病斑中间颜色为浅褐色，边缘为褐色，病斑表面有时具明显轮纹。天气潮湿时，病斑表面生有小黑点（即病菌的分生孢子器）。

病原：豆类叶点霉（*Phyllosticta phaseolina* Sacc.），属半知菌亚门真菌。

发病规律：病菌以菌丝体和分生孢子器随植株病残体在土中越冬，翌年温、湿度适宜时，产生分生孢子借助雨水传播进行初侵染和重复再侵染，导致病害蔓延和扩展。天气温暖、湿度大容易发病，地势低洼、田间密度过大、多年连作地块发病重。

防治要点：①选用抗病品种，与葱蒜类及非豆科蔬菜轮作，播前用种子重量 0.3% 的 50% 多菌灵可湿性粉剂拌种。②农业防治。

及时清除植株残体，采用高畦栽培，雨后及时排水，增施腐熟有机肥，多施磷、钾肥。③药剂防治。在发病初期可选用10％苯醚甲环唑（世高）水分散粒剂1 000倍液，或70％甲基硫菌灵可湿性粉剂1 000倍液，或77％氢氧化铜可湿性粉剂500～700倍液等药剂喷雾防治，每隔7～10天1次，连喷3～4次。

14. 菜豆病毒病

症状：整株系统性症状，幼苗至成珠期均可发病。初在嫩叶上呈明脉，褪绿斑驳或绿色部分凹凸不平，叶片皱缩。有些品种植株矮化、叶片畸形，开花推迟或落花。结荚数明显减少，豆荚短、小，有时会出现绿色斑点。

病原：菜豆普通花叶病毒（bean mosaic virus，简称BMV）病毒、菜豆黄色花叶病毒（bean yellow mosaic virus，简称BYMV）病毒和黄瓜花叶病毒菜豆系病毒（cucumber mosaic virus-phaseoli，简称CMV）等多种病毒单独或混合侵染引起。

发病规律：该病的初次侵染源来自种子和越冬寄主，田间也可通过蚜虫来传播，也可通过汁液摩擦和农事操作传播。高温干旱、蚜虫数量多发病重，管理粗放、植株衰老或氮肥施用过多的地块容易发病。

防治要点：①选用抗病品种，在无病株上采种。播前种子消毒可用10％磷酸三钠溶液浸种20分钟，清洗干净后播种。②加强田间管理。及时清除田间残株败叶，铲除杂草，多施腐熟有机肥，增施磷、钾肥，促进植株健壮生长。③防治蚜虫。可用黄板诱杀，或用10％吡虫啉可湿性粉剂1 000～1 500倍喷雾防治。④药剂防治。在发病初期选用2％宁南霉毒水剂250倍，或1.5％植病灵乳剂800倍液，或20％吗啉胍·乙铜可湿性粉剂800倍液等药液喷雾防治，每隔1周喷1次，连喷2～3次。

二、菜豆主要虫害识别与防治

1. 花生蚜

花生蚜（*Aphis medicaginis* Koch.）属半翅目蚜科，别名豆

蚜、苜蓿蚜等，主要危害菜豆、豇豆等豆科植物和花生、黄花苜蓿、紫云英等。

形态特征：无翅胎生雌蚜体长 2～2.4 毫米，体较肥胖，黑色、紫色和墨绿色等，具光泽，体表覆盖蜡粉，有 6 节触角，腹管长圆形，尾片黑色圆锥形，两侧各有长毛 3 根；有翅胎生雌蚜体长 1.5～2.0 毫米，黑色或黑褐色，带光泽。触角 6 对，腹管较长；若蚜共 4 龄，呈黑褐色或紫色，体形和无翅胎生蚜类似。

危害特点：成虫和若虫以刺吸式口器吸食嫩叶、嫩茎、花及豆荚汁液。其繁殖力强，又群聚危害，常造成叶片卷缩、变形、变色、植株生长不良。同时蚜虫可传播多种病毒，引起病毒病的发生。

防治要点：①农业防治。拉秧后及时清理田间残株败叶，铲除杂草。②物理防治。田间悬挂黄板诱杀，或田间覆盖银灰色地膜可驱避蚜虫，也可在大棚上覆盖银灰色遮阳网或防虫网栽培。③药剂防治。防治蚜虫宜及早用药，将其控制在点片发生阶段。药剂可选用 10%吡虫啉可湿性粉剂 1 500 倍液，或 20%苦参碱可湿性粉剂 2 000倍液，或 1%阿维菌素乳油 2 000 倍液等喷雾防治，重点喷治叶片背面。

2. 豆野螟

豆野螟（*Maruca testulalis* Geyer）属鳞翅目螟蛾科，俗名豇豆野螟、豆荚野螟等。主要危害豆科蔬菜。分布范围广，在我国北起吉林、内蒙古，南至台湾、广东、广西、云南等地均有分布，长江以南发生严重。

形态特征：成虫体长 11～13 毫米，体暗黄褐色，前翅黄褐色，自外缘向内有大、中、小白色透明斑各 1 块，后翅近外缘 1/3 处烟褐色，其余大部分白色、半透明，有 3 条淡褐色纵线；卵扁平椭圆形，淡黄色，表面有六角形网纹，初产时浅黄绿色，后变淡黄色，有光泽；幼虫共 5 龄，体长 15～18 毫米，呈黄绿色，头部及胸背板褐色，头顶突出；蛹体长 11～13 毫米，外被白色薄茧丝，黄褐色，复眼红褐色。

危害特点：成虫白天隐蔽在植株下部不活动，夜间飞翔，有趋光性。卵散产于花瓣、花托和花蕾上，嫩荚次之，还可产在幼嫩的梢、茎和叶上。5～10月为幼虫危害期，初孵幼虫经短时间活动即钻蛀花内危害，造成落花、落荚，三龄后虫蛀食豆粒，荚内及蛀孔外堆积粪粒。幼虫有多次转荚危害习性，老熟幼虫在被害植株叶背主脉两侧或在附近的土表或浅土层内作茧化蛹，蛹期8～10天。

防治要点：①清洁田园。及时清除田间落花、落荚，摘除被害的卷叶和果荚，集中处理，杀死幼虫。②物理防治。利用杀虫灯或昆虫性息素诱杀成虫。③药剂防治。从第一次花现蕾期开始及时喷药防治，可选用1％阿维菌素乳油1 000倍液，或5％氯虫苯甲酰胺悬浮剂1 000倍液，或15％茚虫威悬浮剂4000倍液，或2.5％多杀霉素乳油1 000倍液等药剂进行喷雾防治，喷药时间以上午10时前或傍晚为宜，重点喷花蕾、嫩荚及落地花，每隔7天喷1次，连喷2次。

3. 朱砂叶螨

朱砂叶螨（*Tetranychus cinnabarinus* Boisduval）属真螨目叶螨科，又名红蜘蛛、棉红蜘蛛、红叶螨。主要危害豆科、茄科和葫芦科等蔬菜。全国各地都有分布。

形态特征：成螨为红色，椭圆形，雌螨体背两侧各有一块黑褐色斑；卵圆球形，光滑，初产时无色透明，后变浅黄色，孵化前转为微红色；幼螨近圆形有3对足；若螨和成螨相似。

危害特点：成螨、幼螨集中在叶背或寄主幼嫩部位刺吸汁液，被害叶片增厚僵直，变小或变窄，叶背呈黄褐色或灰白色、油渍状，叶缘向下卷曲。幼茎变褐，丛生或秃尖。花蕾畸形，果荚变褐色，粗糙，无光泽，植株矮缩。由于虫体较小，肉眼一般难以发现，危害症状又和病毒病或生理病害症状有些相似，生产上应注意识别。

防治要点：①清洁田园。铲除田头地边杂草，清除枯枝落叶并集中烧毁。②药剂防治。采取"预防为主、防治结合，挑治为主、点片结合"的防治策略。在点片发生阶段，可选用5％氟虫脲乳油1 000～1 500倍液，或15％哒螨灵可湿性粉剂1 000～1 500倍液，或 0.3％印楝素乳油 1 000 倍液，或 9.5％喹螨醚乳油 2 000～3 000 倍液进行喷雾防治，重点喷洒植株上部嫩叶背面、嫩茎、花器、生长点及幼果等部位，注意交替轮换用药。

4. 美洲斑潜蝇

美洲斑潜蝇 (*Liriomyza sativae* Blanchard) 属双翅目潜蝇科，又称蔬菜斑潜蝇、蛇形斑潜蝇、豆潜叶蝇等。主要危害豆科、茄科、葫芦科、十字花科等 22 科 110 多种蔬菜及农作物。原分布在美洲大陆 30 多个国家和地区。1994 年，自我国海南省首次发现美洲斑潜蝇后，现已扩散到广东、广西、云南、四川、浙江、上海、江苏、山东、北京、天津等大部分省、市、自治区。

形态特征：成虫似苍蝇，胸背板亮黑色，腹部每节黑黄相间，侧面黑、黄各一半，雌虫略大于雄虫；卵呈米色，半透明；幼虫共 3 龄，蛆状，体长约 3 毫米，初孵时无色，后变淡黄色至橙黄色。

危害特点：危害菜豆时，幼虫以蛀食叶片上下表皮间的叶肉细胞为主，常在叶片上形成曲曲弯弯的蛇形隧道，影响光合作用和营养物质的输导，严重时导致叶片早衰、脱落。雌成虫刺伤叶片，吸食汁液，雄成虫的伤孔取食也造成一定危害。

防治要点：①农业防治。加强植物检疫，合理轮作，合理密植、加强田间通风透光，收获后及时清除田园。②物理防治。有条件覆盖防虫网，采用黄板诱杀。③药剂防治。掌握在二龄幼虫前（虫道宽 0.3～0.5 厘米），于晴天露水干后进行防治，药剂可选用 50％灭蝇胺可湿性粉剂 2 500 倍液，或 1.8％阿维菌素乳油 2 500 倍液，或 5％氟虫腈胶悬剂 2 000 倍液，或 1％阿维菌素乳油 1 500 倍液等药剂进行喷雾防治。

5. 烟粉虱

烟粉虱 (*Bemisia tabaci* Gennadius) 属半翅目粉虱科，别名棉粉虱、甘薯粉虱等。主要危害豆科、茄科、葫芦科、十字花科以及棉花、烟草等农作物。在中国、日本、马来西亚、印度及非洲、北美等均有分布。

形态特征：成虫体长约 1 毫米，白色，翅膀透明并具白色细粉状物，两对翅膀合拢呈屋脊状；卵椭圆形，有光泽，初产时淡黄色，孵化前颜色变成深褐色；若虫淡黄至黄白色，长椭圆形，一龄若虫能活动，二至三龄若虫及伪蛹都不能活动，固定在叶背面，吸食植物汁液并分泌蜜露。

危害特点：主要以成虫、若虫群集叶背吸食汁液为主，导致被害叶片褪绿变黄、萎蔫，甚至枯死，同时会分泌蜜露诱发煤污病，影响植株光合作用，导致植株生长不良。烟粉虱还可传播多种植物病毒病。

一年发生多代，世代重叠，寄主范围广泛，传播速度快，耐药性强，防治难度大。成虫具有趋黄、趋嫩、趋光性。

防治要点：①农业防治。育苗前清除残株杂草，培育"无虫苗"。结合整枝打杈，摘除带虫老叶，带出田外处理。②物理防治。将黄板置于田间，底部与植株高度齐平或略高，每隔 3～4 米悬挂一块，诱杀成虫。利用防虫网覆盖栽培。也可在夏季高温闷棚，利用 50℃以上高温杀死虫卵，持续 10～14 天。③药剂防治。在虫害零星发生时及早防治，可选用 5%氟虫腈悬浮剂 1 500 倍液，或 10%吡虫啉可湿性粉剂 2 500 倍液，或 10%吡蚜·毒死蜱（蚜虱净）可湿性粉剂 2 500 倍液，或 3.5%锐丹乳油 1 200 倍液，或 99%矿物油乳油 150 倍液等药液进行喷雾防治，每隔 5～7 天喷 1 次，连喷 2～3 次。喷药时注意先喷叶片正面，然后再喷叶背面。

6. 斜纹夜蛾

斜纹夜蛾（*Spodoptera litura* Fabricius）属鳞翅目夜蛾科，又称斜纹夜盗蛾、莲纹夜蛾等。食性杂，为间歇性爆发的暴食性害虫。主要危害十字花科、豆科、茄科、葫芦科等蔬菜。斜纹夜蛾在全国各地均有分布，是蔬菜生产上的主要害虫之一。

形态特征：成虫体长 15～20 毫米，深褐色，前翅上 1 条白色宽斜纹带，后翅灰白色，无斑纹；卵馒头状，产成 3～4 层的卵块，表面覆盖棕黄色稀疏绒毛；幼虫体色多变，共 6 龄，从中胸到第 8 腹节上有近三角形的黑斑各 1 对，其中第 1、7、8 腹节上的黑斑最大；蛹长 15～20 毫米，圆筒形，末端细小，颜色呈暗褐色，有 1

对强大的臀刺。

危害特点：初孵幼虫昼夜取食叶肉，留下表皮，形成不规则形透明白斑，遇到惊吓四处爬散或吐丝下附，甚至假死落地。二至三龄开始分散转移为害，取食叶肉，四龄后昼伏夜出并食量暴增，取食叶片呈小孔或缺刻状，严重的可吃光叶片，并可危害嫩茎和生长点，危害后造成伤口感染，容易诱发病害。在田间虫口密度过高时，幼虫有成群迁移习性。幼虫老熟后，入土（1～3厘米）化蛹。

防治要点：①农业防治。清除田间杂草和残株落叶、清除卵块和幼虫扩散前的被害叶片，集中处理，压低虫口密度。②物理防治。可用昆虫性诱剂、糖醋液或频振式杀虫灯等进行诱杀成虫。③药剂防治。在卵孵化高峰至三龄幼虫扩散危害前，于晴天傍晚进行喷药防治。可选用5%氟虫脲乳油2 000～2 500倍液，或15%印虫威（安打）悬浮剂3 000～3 500倍液，或10%虫螨腈（除尽）悬浮剂2 000～2 500倍液，或1%甲氨基阿维菌素苯甲酸盐（菜健）乳油3 000～5 000倍液，或24%甲氧虫酰肼悬浮剂2 000～2 500倍液，或5.7%氟氯氰菊酯乳油1 000～1 500倍液等药剂，进行喷雾防治，喷药时注意均匀喷雾叶面及叶背等处。

7. 大豆卷叶螟

大豆卷叶螟（*Lamprosema indicata* Fabricius）属鳞翅目螟蛾科，又称大豆卷叶虫、豆蚀叶野螟、豆三条野螟。主要危害大豆、菜豆、豇豆、扁豆、绿豆、赤豆等豆科作物，是豆类作物的主要害虫之一。广泛分布于浙江、江苏、江西、福建、台湾、广东、湖北、四川、河南、河北、内蒙古等省份。

形态特征：成虫体长9～10毫米，体色黄褐色，胸部两侧附有黑纹，前翅黄褐色，翅面生有黑色鳞片，翅中有3条黑色波状横纹，后翅外缘黑色，有2条黑色横波状横纹；卵椭圆形，淡绿色；老熟幼虫体长15～17毫米，共5龄，头部及前胸背板淡黄色，口器褐色，胸部淡绿色，气门环黄色，亚背线、气门上下线及基线有小黑纹，体表被生细毛；蛹长约12毫米，颜色褐色。

危害特点：初孵幼虫蛀入花蕾和嫩荚，导致花蕾脱落，蛀孔口常有绿色粪便，虫蛀荚易腐烂。幼虫危害叶片时，吐丝卷叶或缀叶潜伏在卷叶内取食叶肉，残留叶脉，叶柄或嫩茎被害时，常在一侧被咬伤而萎蔫至凋萎。成虫夜出活动，具趋光性，老熟幼虫常在荫蔽处的叶背、土表等处作茧化蛹

防治要点：①农业防治。及时清除田间杂草和残株落叶、人工摘除被害叶片。②物理防治。可用频振式杀虫灯等进行诱杀成虫。③药剂防治。在田间查见 2％左右植株被幼虫危害形成卷叶时开始防治，隔 7～10 天防治 1 次，连喷 2～3 次。药剂可选用 5％氯虫苯甲酰胺悬浮剂 1 000 倍液，或 15％茚虫威悬浮剂 4 000 倍液，或 1％阿维菌素乳油 1 000 倍液，或 5％氟啶脲乳油 1 500 倍液，或 52.5％氯氰·毒死蜱乳油 1 000 倍液，或 2.5％溴氰菊酯乳油 3 000 倍液等进行喷雾防治。也可在防治豆野螟时兼治。

8. 大叶青蝉

大青叶蝉（*Tettigella viridis* Linnaeus）属同翅目大叶蝉科，又名青叶跳蝉、青叶蝉。是菜豆、大豆、白菜、番茄、茄子、马铃薯、莴苣、芹菜、菠菜等多种作物的重要害虫。

形态特征：成虫体长 6～l0 毫米，青绿色，头部橙黄色，复眼黑褐色，有光泽，头部背面有 2 个单眼，前翅革质，绿色微带青蓝，末端灰白色，半透明，后翅和腹背均为烟熏色；卵微弯曲，长约 1.5 毫米，乳白至黄白色，长卵圆形，一端较尖；若虫与成虫相似，共 5 龄，初孵幼虫灰白色，二龄淡灰微带黄绿色，三龄以后体色转为黄绿，老熟若虫体长 6～8 毫米。

危害特点：成虫和若虫在叶片上刺吸汁液，使叶片褪绿、变黄，严重时畸形卷缩，甚至全叶枯死。此外，还可传播病毒病。

防治要点：①农业防治。及时清除田间杂草和残株落叶。②物理防治。可用黑光灯进行诱杀成虫。③药剂防治。在若虫盛期可选用 10％吡虫啉可湿性粉剂 2 500 倍液，或 20％噻嗪酮乳油 1 000 倍液，或 20％吡虫啉悬浮剂 4 000 倍液等喷雾防治。

9. 棉铃虫

棉铃虫（*Helicoverpa armigera* Hubner）属鳞翅目夜蛾科，

又称玉米穗虫、番茄蛀虫等。主要危害大豆、菜豆、豌豆等豆科，玉米、番茄、白菜、甘蓝、花生等多达 200 种的蔬菜和其他农作物。广泛分布于我国广大蔬菜种植区和棉区及世界各地，我国以黄河流域、长江流域受害重。

形态特征：成虫体长 15～20 毫米，翅展 27～38 毫米，雄蛾前翅灰绿或青灰色，雌蛾赤褐或黄褐色，具褐色环状纹及肾形纹，后翅黄白色或淡褐色，端区褐色或黑色；卵半球形，约 0.5 毫米，初产乳白色，孵化前变为黑褐色，具纵横网格；幼虫共 6 龄，有淡绿、淡红、红褐、黑紫等多种体色，常见为绿色型及红褐色型，老熟幼虫体长 30～42 毫米，头部黄褐色，背线、亚背线和气门上线呈深色纵线，气门白色，前胸 2 根侧毛的连线与前胸气门下端相切；蛹纺锤形，长 10～20 毫米，黄褐色。腹部第 5～7 节的背面和腹面有 7～8 排半圆形刻点。

危害特点：初孵幼虫先食卵壳，第 2 天开始为害生长点和取食嫩叶，造成缺刻或孔洞，随后可蛀食花蕾和花朵，造成落花、落蕾，四龄后为害豆荚，造成减产并影响商品性，五至六龄进入暴食期，幼虫有转移为害习性，有时还可蛀入茎秆中，导致植株死亡。成虫昼伏夜出，具趋光趋化性，白天多栖息在植株荫蔽处，傍晚开始活动，取食蜜源植物补充营养。

防治要点：①加强预测预报。②农业防治。冬耕冬灌减少虫源，采用杨树枝把诱蛾产卵或种植诱集作物如玉米、番茄等，集中杀灭。③物理防治。结合防治其他害虫，可采用频振式杀虫灯或性诱剂诱杀成虫。④药剂防治。在卵孵化盛期，可选用 24% 炔满特乳油 1 500 倍液，或 15% 茚虫威悬浮剂 3 000～3 500 倍液，或 5% 氟虫脲乳油 3 000 倍液，或 25% 灭幼脲悬浮剂 1 500 倍，或 1% 甲氨基阿维菌素盐乳油 3 000～5 000 倍液，或 1.8% 阿维菌素乳油 3 000 倍液，或 0.5% 甲氨基阿维菌素乳油 1 500～2 000 倍液，或 10% 氯氰·丙溴磷乳油剂 2 000 倍液，或 2.5% 三氟氯氰菊酯乳油 2 000 倍液等药剂进行喷雾。注意交替轮换用药，并喷足喷药液量，把药集中喷在顶部叶片和花蕾上。

10. 小地老虎

小地老虎（*Agrotis ypsilon* Rottemberg）属鳞翅目夜蛾科，又名地蚕、黑地蚕、土蚕等。地下害虫，分布广 以雨量丰富、气候湿润的长江流域和东南沿海发生量大。在蔬菜中以豆科、茄科、葫芦科以及十字花科蔬菜危害最重。

形态特征：成虫体长 18～24 毫米。头、胸部背面暗褐色，足褐色。前翅褐色，前缘区黑褐色，外缘以内多暗褐色，后翅灰白色，纵脉及缘线褐色，腹部背面灰色；卵馒头形，直径约 0.5 毫米、高约 0.3 毫米，初产乳白色，后变黄色；幼虫圆筒形，老熟幼虫体长 38～50 毫米，体色灰褐至暗褐色，具黑褐色不规则网纹，前胸背板暗褐色，黄褐色臀板上具两条明显的深褐色纵带，胸足与腹足黄褐色；蛹体长 18～24 毫米，腹部第 4～7 节背面前缘中央深褐色，且有粗大的刻点，腹末端具短臀棘一对。

危害特点：以幼虫为害幼苗为主。初孵幼虫常群集于幼苗心叶和叶背取食，把叶片咬成缺口或网孔状，也有藏在土表、土缝中，昼夜取食嫩叶。幼虫三龄后白天潜伏浅土表中，夜间出来活动危害，尤以清晨露水未干时危害最重，将幼苗近地面出嫩茎咬断，造成缺棵少苗，严重点甚至断垄、毁种。一般春季危害重于秋季。

防治要点：①农业防治。及时铲除菜田及其周围杂草，春耕细耙，杀死部分卵及幼虫。②物理防治。利用杀虫灯诱杀成虫或用新鲜泡桐叶或莴苣叶等堆草诱捕。③人工挑治。在清晨捕捉叶下幼虫或扒开断苗附近的表土，捕捉潜伏的高龄幼虫。④药剂防治。90％晶体敌百虫 0.3 千克，加水 2.5～5 千克，喷拌豆饼粉 30 千克，于傍晚撒在行间苗根附近，隔一段距离撒一堆，亩用毒饵 15 千克左右，或用 50％辛硫磷乳油 1 000～1 500 倍液灌根。

三、菜豆绿色防控技术

菜豆绿色防控技术是指为确保菜豆产品质量安全和生产环境安

全，坚持"预防为主、综合防治"的植保方针，以农业防治为基础，综合采取生态调控、生物防治、物理防治和科学用药等环境友好型措施来控制菜豆病虫害的有效技术措施。在菜豆实际生产中将农业防治、理化诱控防治、生物防治和化学防治有机结合，有效减少了化学农药的使用次数和使用量，提升了菜豆产品的质量水平，经济、社会和生态效益显著，实现了生产的可持续性。

（一）农业防治

1. 选用抗（耐）病品种　根据不同栽培季节，因地制宜选择抗性强的品种。合理选择适宜的播种期，避开主要病虫害的发生盛期，减少病虫害的发生。

2. 种子消毒

（1）温汤浸种法　将种子晾晒 1～2 天，后用 45～55℃温水浸种 15～20 分钟，预防角斑病、炭疽病和病毒病等。

（2）药剂浸种　采用 50％甲基硫菌灵可湿性粉剂 500～1 000 倍液浸种 15 分钟，预防苗期灰霉病，或用 1％的福尔马林液浸种 20 分钟，预防苗期炭疽病，或用 50％多菌灵 500～1 000 倍液浸种 20 分钟，预防苗期枯萎病和猝倒病。

3. 合理轮作　在一块菜地上不连续种植同科蔬菜，开展不同科蔬菜轮作，或与水稻轮作，减少枯萎病、根腐病等土传病害发生。

4. 加强田间管理　提前整地，增施生石灰对土壤进行消毒和调节酸碱度，多施优质腐熟有机肥，开展配方施肥。生长期间及时摘除病虫为害的叶片、豆荚和及时拔除零星病株，收获后及时清理菜地植株残体，并带出田外集中烧毁，减少病害初侵染源。

（二）物理防治

1. 杀虫灯诱杀　频振式杀虫灯是利用害虫的趋光、趋波等特性，辅以高压电网击杀害虫，达到灭杀成虫、降低落卵量，压低虫口基数，减少农药使用量和使用次数的防治目的。

（1）使用时间 杀虫灯使用以每年的 4～11 月为宜，每天开灯时间以晚上 7 时至次日早晨 6 时为宜。特殊情况下，开灯时间可作适当调整。

（2）挂灯密度和高度 ① 杀虫灯使用应集中连片。在近市区光源足的情况下挂灯密度以每盏控制 15～20 亩为宜，远离市区光源少的基地单灯控害面积为 35～40 亩，山区、丘陵地块可适当增加安装盏数。② 灯高度以接虫口距地面 1.2～1.5 米为准。

（3）定期清理灯管外的触杀网和接虫袋 视具体情况，需定期清理杀虫灯的高压触杀网和接虫袋，及时把网上的虫子残体及其他杂物清除干净。以确保杀虫效果和延长杀虫灯的寿命。

（4）杀虫灯与防虫网、性诱剂配合使用 在防虫网内挂杀虫灯可以减少因进出防虫网而引起的虫害，有条件的连栋大棚内，每棚挂 1 个，杀虫效果更为明显。杀虫灯与性诱剂配合诱虫，效果更好。试验证明，杀虫灯与斜纹夜蛾性诱剂配合使用，诱杀斜纹夜蛾数量比单用杀虫灯或单用性诱剂的诱杀数量增加 4～6 倍。

2. 昆虫性诱剂诱杀 昆虫性诱剂是人工合成的昆虫雌性外激素，对异性同种昆虫具有强大的引诱能力。当豆野螟、斜纹夜蛾等害虫雄虫盛发期，在田间放置诱捕器，利用诱捕器内诱芯散发出的雌性性外激素，吸引田间同种寻求交配的雄虫，将其诱杀在诱捕器中，使雄虫失去交配的机会，不能有效繁殖后代，从而降低后代种群数量而达到防治的目的。性诱剂诱杀技术具有针对性强、安全性高和可兼容性特点，是近年来提倡使用的绿色防控重要技术措施之一。

（1）选择正确的性诱剂 性诱剂防治对靶标的专一性和选择性高，每一种性诱剂只针对一种害虫。目前在菜豆生产中应用主要有斜纹夜蛾、豆野螟 2 种性诱剂，因此，应根据害虫发生种类正确选择使用。同时要根据诱芯产品性能及天气状况适时更换，以保证诱杀的效果，一般每根诱芯可使用 25～30 天。

（2）诱捕器设置高度、位置和密度 诱捕器可挂在竹竿或木棍上，菜豆田块一般每亩设置专用诱捕器 3～4 套，高度位于架材高

2/3 处，每个诱捕器内放置性诱剂诱芯 1 枚，挂置地点以上风口处为宜。

（3）性诱剂防治的应用时间　根据诱杀害虫在当地发生的时间来调整性诱剂应用时间，一般是在害虫发生初期，虫口密度较低时开始使用效果好，可以真正起到控前压后的作用，应连续使用。

（4）科学管理　科学管理是性诱剂应用过程中的重要环节，科学管理可以大大提高性诱剂防治的效果。及时清理诱捕器中的死虫，并进行深埋；适时更换诱芯，对未使用的诱芯应放置在 −15℃～5℃的低温环境中贮藏。性诱剂使用应集中连片，这样可以更好地发挥性诱剂的作用。

3. 色板诱杀技术　利用昆虫趋黄、趋蓝的习性，可在田块内设置不同颜色色板来诱杀。一般美洲斑潜蝇、烟粉虱、蚜虫发生较多，可设置黄板诱杀，蓟马等发生较多可设置蓝板诱杀。色板悬挂于菜豆架材高度 2/3 处，在大棚栽培中与防虫网结合使用效果更好。但一定要在虫害发生早期，虫量发生少时使用，一般每亩平均放置 20～30 片（25 厘米×40 厘米），粘满虫后及时更换。色板诱杀技术是一项成本低、操作简单、控制害虫效果好、安全系数高的绿色防控技术，它对蜜蜂、七星瓢虫、异色瓢虫等小型有益昆虫误杀极少，从而能很好保护有益昆虫和蔬菜生产的生态环境。

（三）生物防治

生物防治是指利用各种有益生物或生物的代谢产物来控制病虫害，包括以虫治虫、以菌治虫、以生物农药防治病虫害等，是目前开展蔬菜绿色防控推广的主要措施之一。当前菜豆生产中常用的生物农药有植物源农药、微生物源农药和矿物源农药这三种。

1. 植物源农药　指有效成分来源于植物体的农药。具有对天敌杀伤小、安全、高效、低毒、低残留、有害生物不易产生抗药性等特点。

（1）主要制剂　主要有印楝素、苦参碱、鱼藤酮、除虫菊素、烟碱、氧化苦参碱、茴蒿素、川楝素、茶皂素等单剂以及苦参·印楝、辣椒碱等混剂。

（2）作用机理　植物源农药的杀虫活性成分主要是次生代谢物质，对害虫作用独特、作用机理复杂，主要有毒杀、拒食、忌避、干扰正常的生长发育和光活化毒杀等多种作用方式。

（3）生产中遇到的主要问题

①杀虫效果缓慢。植物源农药并不是直接杀死害虫，而是通过阻止害虫直接危害或抑制种群形成来达到对害虫的控制。它没有化学农药的即杀效果，因此农民难以接受。②市场售价较高。③稳定性有待提高。植物源杀虫剂的杀虫活性成分受到自身遗传因素控制外，其含量常因产地、季节和气候等因素不同而不同。

2. 微生物源农药

菜豆生产中几种常用的微生物源农药介绍如下：

（1）苏云金杆菌（Bt）　属微生物源细菌性广谱、低毒杀虫剂。主要剂型有：乳剂（100 亿个孢子/毫升），3.2％、10％、50％可湿性粉剂，100 亿活芽孢/克悬浮剂等。

作用机理：苏云金杆菌进入虫体后，产生内毒素（伴孢晶体）和外毒素。内毒素（伴孢晶体）是主要毒素，经昆虫碱性肠液破坏成较小单位的内毒素，致使昆虫中肠停止蠕动、瘫痪，停食，芽孢在中肠内萌发，经被破坏的肠壁进入血腔，大量繁殖，使虫败血死亡。外毒素作用缓慢，而在蜕皮和变态时能抑制依赖 DNA 的 RNA 聚合酶。苏云金杆菌速效性较差，对人畜安全，对作物无药害，不伤害蜜蜂和其他昆虫。需要注意的是苏云金杆菌对蚕有毒。

在生产上的应用：① 喷雾。对多种鳞翅目害虫可用苏云金杆菌乳剂兑水喷雾。用 200～300 倍液防治斜纹夜蛾低龄幼虫；500～800 倍液防治豆野螟时。掌握"治花不治荚"的原则，对准花蕾、嫩荚、落地花进行喷雾。②利用虫体。可将感染苏云金杆菌致死变黑的虫体收集一起，用纱布包住后在水中揉搓浸泡后过滤，一般亩用虫体 50 克，兑水 50 千克喷雾。

注意事项：① 在作物收获前 2 天停用。药液要随配随用，不宜久放。② 苏云金杆菌防治效果易受温度、光照和雨水等条件影响。一般在阴天或晴天下午 4～6 时后喷施害虫危害部位防治效果最好。在 19℃ 以下和 30℃ 以上时使用都无效。③ 对蚕有剧毒，禁止在养蚕区、桑园使用。

（2）斜纹夜蛾核型多角体病毒（科云、虫瘟 1 号）　属微生物源、核型多角体病毒、低毒杀虫剂。主要剂型有：1 000 万 PIB/毫升悬浮剂、10 亿 PIB/克可湿性粉剂和 200 亿 PIB/克水分散粒剂等。

作用机理：病毒进入斜纹夜蛾体内后，开始大量繁殖，并迅速扩散到害虫全身各个部位，致使斜纹夜蛾感染病毒后死亡。病毒通过死虫的体液、粪便可继续传染至其他虫体，从而达到对田间斜纹夜蛾的持续长期的控制。对人畜、家禽、鱼、鸟等安全无毒。

在生产上的使用：防治豆科蔬菜上的斜纹夜蛾，在卵孵化盛期，采用二次稀释法，每亩用 200 亿 PIB/克斜纹夜蛾核型多角体病毒水分散粒剂 15 000 倍喷雾防治。

注意事项：选择在傍晚或阴天施药，尽量避免阳光直射，遇雨后补喷；宜在卵孵化高峰期施用，将药液均匀喷洒在植株上；不可与碱性农药混合使用。

（3）多杀霉素（菜喜、催杀）　属微生物源杀虫剂。主要剂型有：2.5% 悬浮剂（菜喜）、48% 悬浮剂（催杀）等。

作用机理：多杀霉素是一种微生物代谢产生的纯天然活性物质，对鳞翅目、双翅目、缨翅目、鞘翅目和膜翅目的害虫有杀虫活性，可使害虫迅速麻痹、瘫痪，最后死亡。具有胃毒和触杀两种作用，以胃毒为主。毒性极低，杀虫速度快。喷药后当天即见效。

在生产上的应用：防治豆野螟、棉铃虫等鳞翅目害虫，可用 2.5% 多杀霉素悬浮剂 1 000 倍液，或 48% 多杀霉素悬浮剂 4.2～5 毫升，兑水 30～50 千克，在低龄幼虫期进行喷雾防治。傍晚施药效果最好；防止蓟马等缨翅目害虫，可用 2.5% 悬浮剂 1 000～1 500 倍液，在蓟马发生初期喷雾，重点喷洒幼嫩组织。

注意事项：①药剂无内吸性，喷雾时要均匀周到。②每季蔬菜连续施用 2 次效果最佳，间隔期为 7～10 天，喷药后 24 小时内遇雨要补喷。③对水生节肢动物具有毒性，应避免污染河川、水源；直接喷施时，对蜜蜂具有毒性，应避免直接用于开花期的蜜源植物上。

（4）浏阳霉素（多活菌素、杀螨霉素）　农用抗生素类、低毒、广谱杀螨剂。主要剂型为10％乳油。

作用特点：浏阳霉素是由灰色链霉菌浏阳变种所产生的具有大环内酯结构的抗生素，为低毒、低残留、可防治多种螨类的广谱杀螨剂，对蔬菜上发生的螨类、茶黄螨等都具有良好的触杀作用，对成、若螨有高效，对卵无效，对蚜虫也有较高的活性。不杀伤捕食螨，害螨不易产生抗性，杀螨谱较广。对蔬菜及多种昆虫天敌、蜜蜂、蚕均安全。

在生产上的应用：防治菜豆红蜘蛛、茶黄螨以及蚜虫时，应在点片零星发生时，用10％浏阳霉素乳油1 000～1 500倍液喷雾，药效可持续1～2周。

注意事项：①浏阳霉素以触杀为主，没有内吸性，因此药液要直接喷至螨体。②遇光易分解，应在晴天傍晚或阴天喷药。③对鱼有毒性。

（5）木霉素　别名灭菌灵、特立克等，属微生物源真菌杀菌剂，主要剂型为：2亿活孢子/克可湿性粉剂、1.5亿活性孢子/克可湿性粉剂、1亿活孢子/克水分散粒剂等。对人畜、天敌昆虫非常安全，无残留，不污染环境。

作用机制：主要以绿色木霉菌通过重复寄生、营养竞争等作用灭杀病原真菌。

在生产上的应用：防治蔬菜灰霉病、霜霉病可用1亿活孢子/克木霉素水分散粒剂600～800倍液，在发病初期，每隔7～10天喷1次，连续防治2～3次；豆科、茄科、瓜类等蔬菜白粉病、炭疽病等可用1.5亿活孢子/克木霉素可湿性粉剂300倍液在发病初期喷雾防治，每隔1周喷1次，连喷3～4次；防治根腐病、白绢病等可用1亿活孢子/克木霉素水分散粒剂1 500～2 000倍液灌根，每株灌药液250毫升，灌根后及时覆土。

注意事项：①宜在发病初期施用，做到均匀、周到喷雾，喷后8小时遇雨，要及时补喷。②忌阳光直射，须在阴天或晴天傍晚4时后喷施。③不能与酸性、碱性农药及杀菌剂农药混合施用。

（6）硫酸链霉素　别名农用硫酸链霉素、链霉素等，属微生物抗生素类、高效、低毒杀菌剂，兼具治疗和保护作用，是一种内吸性和环保型杀菌剂。主要剂型有：10％、24％、40％、68％、72％可溶性粉剂等。是目前细菌性病害防治的主要药剂。

作用机理：硫酸链霉素是由灰色链霉菌产生的抗菌素，具有内吸性，能渗透到植物体内。在植物体内通过干扰细菌蛋白质的合成，抑制肽链的延长，从而杀死致病菌。

在生产上的应用：主要用于蔬菜细菌性病害的防治。可用72％硫酸链霉素可溶性粉剂3 500～4 000倍液，防治菜豆细菌性疫病、菜豆细菌性叶斑病和菜豆细菌性疫病。

注意事项：①在蔬菜收获前2～3天停用，不能与碱性农药和微生物杀虫剂混用。②喷后8小时内遇雨，应补喷。③72％硫酸链霉素可溶性粉剂使用浓度不低于3 200倍。在高温天气施用易产生轻微药害。

3. 矿物源农药

（1）矿物油（绿颖）　99％矿物油（绿颖）乳油系优质矿物喷淋油，对虫、卵具有杀伤力，低毒、低残留，对人畜安全，不伤天敌，持效期较长。

作用特点：矿物油在害虫体表覆盖一层油膜，以封闭螨类、介壳虫、粉虱、部分蚜虫等害虫气孔，从而以窒息直接杀虫。同时，矿物油还被大量地作为助剂使用，常用药剂加矿物油混用可明显提高药剂的防治效果。

在生产上的应用：一般用99％矿物油乳油300倍液兑水喷雾防治，具体参考农药标签或产品说明。

（2）氢氧化铜　别名可杀得、冠菌铜、丰护安等，属无机铜类、广谱性、低毒、保护性杀菌剂，保护和治疗作用兼有。主要剂型有：77％氢氧化铜可湿性粉剂、57.6％氢氧化铜干粒剂、37.5％

氢氧化铜悬浮剂、25%氢氧化铜悬浮剂等。主要用于蔬菜上霜霉病、疫病、炭疽病、叶斑病和细菌性病害的防治。

作用机理：主要利用铜离子来杀灭细菌。铜离子被病原孢子吸收后，达到一定浓度时，就可杀死病原孢子，尤其对细菌性病害杀菌效果更明显，病菌不易产生抗药性。但对真菌病害只能阻止真菌孢子的萌发，仅起到保护作用。

在生产上的应用：主要以77%可湿性粉剂应用为主。用77%氢氧化铜可湿性粉剂800～1 000倍液，在发病初期喷雾防治菜豆细菌性疫病、角斑病、轮纹病、褐斑病、斑点病以及煤霉病等，每隔7天施药1次，连施3～4次；用77%氢氧化铜可湿性粉剂800～1 000倍液，在菜豆根腐病初发病时进行灌根防治，每株灌药液250毫升，每隔10天灌1次，连灌2～3次。

注意事项：①在收获前7天停止施用，不能与强酸性或强碱性农药混合施用。②在高温、高湿条件和蔬菜苗期慎用。③对鱼类及水生生物有毒，避免药液污染水源。

（四）化学防治

在综合采用农业防治、物理防治和生物防治基础上，科学使用化学农药。根据田间病虫害发生情况，在病害发生初期和害虫低龄期，选用低毒、高效、低残留，环境友好型化学农药进行防治，并严格遵守农药安全间隔期，豆科蔬菜绿色防控推荐农药见附录2。

菜豆生长期较长，病虫害种类较多，生产上依靠任何单一方法防治病虫害都难以达到理想效果。因此，菜豆病虫害绿色防控应贯彻"预防为主，综合防治"的植保方针，紧密结合病虫害预测、测报，以农业防治为基础，集成运用生物防治、物理防治、化学防治等多项措施，才能达到安全、经济、有效控制病虫害的目的。

第七章　菜豆采收、采后处理及加工

一、采　　收

适时采收是保证菜豆豆荚品质鲜嫩的重要措施。当豆荚由细变粗，荚缝线处粗纤维少或没粗纤维，荚壁肉质鲜嫩、外表有光泽，种子略为显露或尚未显露时为菜豆采收适期。及时采收嫩荚，既可保证豆荚鲜嫩、纤维少、品质优，又可减轻植株负担，促进开花结荚，减少落花落荚，延长采收期，提高产量。

一般矮生型菜豆春季播种后 50～60 天开始采收嫩荚，秋播约 40 天，采收期约 20 天。蔓生型菜豆春播，生育前期受低温影响，生长较慢，从播种至开始采收嫩荚需要 60～90 天，高山越夏或秋季栽培自播种到开始采收嫩荚 40～50 天，蔓生菜豆采收期较长，历时 30～60 天。

另外，采收时期因嫩荚的食用方法不同而有所不同。以嫩荚鲜食的菜豆，可在花谢后 10～15 天采收，气温较低花后 15～20 天采收，气温较高则花后 10 天左右采收；供速冻保存和加工的，根据加工要求采摘；以采收种子为主的，则在花谢后 20～30 天，待荚内种子完全发育成熟后方可采收。

针对嫩荚鲜食的菜豆除了要适时采收外，在采收初期和后期可每隔 2～3 天采收 1 次，而在结荚盛期需要每天采收 1 次，若采摘过晚，豆荚缝线处维管束变粗，荚果薄壁组织增厚。纤维增多，荚壁粗硬，品质下降。采收的鲜豆荚要做好分级包装，以提高豆荚的商品性和经济效益。

二、采后处理

（一）分级、包装

1. 分级 菜豆采收后及时进行分级处理。根据产品外观质量进行分级（表8），分级标准应符合行业标准 NY/1062—2006 的相关规定要求。

表 8 菜豆分级标准

产品外观基本要求	等级	要求	允许误差（按质量计）
同一品种或相似品种；完好，无腐烂、变质；清洁，不含任何可见杂物；外观新鲜；无异常的外来水分；无异味；无虫及病虫害导致的损伤	特级	豆荚鲜嫩、无筋、易折断；长短均匀，色泽新鲜，较直；成熟适度，无机械伤、果柄缺失及锈斑等表面缺陷	允许有 5% 的不合格率，但应符合一级要求
	一级	豆荚比较鲜嫩、基本无筋；长短基本均匀，色泽比较新鲜，允许有轻微的弯曲；成熟适度，无果柄缺失；允许有轻微的机械伤及锈斑等表面缺失	允许有 10% 的不合格率，但应符合二级要求
	二级	豆荚比较鲜嫩、允许有少量筋；允许有轻微的机械伤、有果柄缺失及锈斑等表面缺失，但不影响外观和贮藏性	允许有 10% 的不合格率，但应符合基本要求

2. 包装 菜豆的包装和分级一般同时进行。浙江省菜豆产区包装一般以塑料编织袋、瓦楞纸箱和塑料箱为主。塑料编织袋价格便宜，来源方便，透气性好；瓦楞纸箱便于机械搬运和印刷商标；塑料框应符合 GB/T8868 的标准要求。包装材料应牢固、内外壁平整，每批次的菜豆包装规格、单位净含量应当一致。包装上应当标明产品名称、产地、生产者、采收日期等。

（二）贮藏保鲜

随着社会的发展，菜豆生产由数量型消费转向质量型消费，消费者首先关注的是菜豆的风味、新鲜度和外观、安全与营养价值，其次才是价格。菜豆作为一种商品，必须迎合消费者的需求，其生产者才能获得好的经济效益。

菜豆以嫩荚上市，荚果含水分高，荚质柔嫩，豆荚采收后仍能继续成熟，具有较强的后熟能力。因此，做好保鲜保质，减少损耗，显得十分重要。

目前生产上使用最多的是小包装贮藏、低温贮藏、冷库贮藏和气调贮藏法。

1. 小包装贮藏　将经过选择、清洗后的豆荚装入 0.1 毫米厚的聚乙烯塑料薄膜袋内，每袋 5 千克，同时装入 0.5～1 千克消石灰，用浓度为 0.01 毫升/升的仲丁胺熏蒸防腐后密封袋口。贮藏温度控制在 8～10℃，每隔 10～14 天开袋检查一次，可贮藏 30 天左右。

2. 低温贮藏　采收的菜豆立刻进行预冷，同时进行分级，放入准备好的筐中，每筐装 15 千克左右豆荚为宜。顶上覆盖一层纸。包装好的菜豆入库码成垛，每垛 40～50 筐，然后在垛上覆盖塑料布，防止水分散失，库内温度保持在 4～6℃，相对湿度 80%～90%，在这样的条件下，可以贮存 20～30 天。

3. 冷库贮藏　将预冷处理过的菜豆，装入 30 厘米×40 厘米，厚 0.03 毫米的聚乙烯塑料薄膜袋，每袋 1 千克，扎好袋口放入塑料筐中，每筐装八成满，塑料筐内事先要垫上足够长的塑料薄膜，以便将菜豆完全覆盖，内衬薄膜的底部、四周要均匀打上 20～30 个直径为 5 毫米的小孔，塑料筐四角放置小包消石灰。码放时，塑料筐与冷库的四壁、地面、库顶留有间隙。也可将菜豆直接码放到菜架上，码放不能太紧，每层菜架码放 1～2 层即可。冷库温度控制在 8～10℃，氧气浓度控制在 2%～5%，二氧化碳浓度低于 5%，每隔 4～5 天检查 1 次，剔除腐烂、锈斑、膨粒菜豆，后期增加检查次数。此法可贮藏 2 个月左右。

4. 气调贮藏　用气调贮藏保鲜，可以达到延缓豆荚衰老、减少锈斑，降低损耗，维持商品的食用价值。将菜豆放入事先垫有蒲包的筐中，每筐装 10～15 千克豆荚，占筐容积的 1/2 左右，筐外套 0.3 毫米厚的聚乙烯塑料袋。袋上要有换气孔，袋口一端左右两个角各放消石灰 0.25 千克，并用绳子扎紧密封。用氮气将筐内氧含量降低至 5％为止，每日定时测定袋中的氧气和二氧化碳的含量。当氧低于 2％时，从气孔放入空气使氧升到 5％，如二氧化碳超过 5％时，解开消石灰袋，抖出消石灰，使之进入筐外底部的塑料袋内，以吸收多余的二氧化碳，将筐内的氧气和二氧化碳含量控制在 2％～5％。库房温度保持在 13℃左右，塑料袋内壁不出现水汽，在这种条件下菜豆可贮藏 30～50 天。

三、加　　工

菜豆加工有速冻、脱水干制、腌制等。

（一）速冻

1. 工艺流程　原料采摘→处理→清洗→烫漂→预冷→滤水→速冻→包装→冷藏。

2. 工艺操作要点

（1）原料采摘　首先做到适时采摘，在生长旺盛期，有条件的一天采摘 2 次，当天采摘的宜当天加工，来不及加工的应放高温库贮存，或放在阴凉通风处，厚度要薄。速冻菜豆的采摘规格：S 级最粗部直径为 0.7～0.8 厘米，长度为 8～10 厘米；L 级最粗部直径为 0.9～1 厘米，长度为 10～12 厘米。市场上 S 级畅销，L 级滞销。

（2）处理　将柄部剪除，撕掉两边的筋，剔除皱皮、枯萎、霉烂、病虫害和机械伤的豆荚。

（3）清洗　将处理好的菜豆放入浓度为 1.5％～2％的盐水中浸泡 30 分钟，浸泡结束后，须反复清洗 3～4 次，及时除去豆荚表面的盐分等。

（4）烫漂　将清洗干净的菜豆放入 95～100℃的沸水中烫漂 1～2 分钟。热烫要适度，其作用是破坏果蔬中的氧化酶、过氧化酶的活性，以保持果蔬的色泽和营养成分，杀灭原料表面的微生物和虫卵，除去果蔬组织内的空气，使维生素 C 和胡萝卜素损失减少，除去豆荚蔬菜的腥味等。

（5）冷却 采取两次降温法，在第一个冷却池用自来水冷却，防止菜豆过度收缩，第二次冷却采用0℃左右的冷水彻底冷却。

（6）滤水 将冷却后的菜豆表面水分滤掉，以保证单体快速冻结，一般采用柔性振动和吹风相结合的办法进行。

（7）速冻 速冻时将豆荚均匀放置速冻机中，降温至−30℃以下，待中心温度低于−18℃出货。

（8）包装 在低温（−10℃）条件下包装，防止因包装温度过高而导致菜豆表面结霜，同时，包装过程中应剔除机械损伤及其他劣质产品，称量计算，装入塑料袋内封口，并及时入冷库贮藏。

（9）冷藏 冷库温度要求在−18℃以下，尽量使温度保持恒定，冷藏按品种和日期的不同专库分别堆放。

（二）脱水干制

1. 工艺流程 原料要求→处理→清洗→烫漂→护色→干燥→检验包装。

2. 工艺操作要点

（1）原料要求 品质鲜嫩无筋、粗细均匀，肉质肥厚、外表看不出豆粒，长度在7厘米以上。

（2）处理 豆荚从采收到加工不能超过12小时，摘除豆荚的两端，除去皱皮、枯萎、霉烂、病虫害和机械伤的豆荚。

（3）清洗 用清水洗涤，以除去污物杂质。

（4）烫漂 用0.06%的碳酸氢钠（$NaHCO_3$）溶液烫漂，一般在100℃中处理3~5分钟，具体时间由原料老嫩程度而定。烫漂过程需轻轻翻动，以免菜豆脱皮。烫漂至豆荚颜色深绿而有亮光，背形无花纹，组织稍软为止。烫漂好的菜豆应迅速浸入清水中冷却，以冷透为准。

（5）护色 冷却后的菜豆原料还须在0.2%的碳酸氢钠（$NaHCO_3$）溶液中冷浸2~3分钟，然后沥干。

（6）干燥 将处理好的原料均匀摊在烘筛上，烘房温度掌握在60~65℃为宜，干燥至含水量为6%为宜，时间6~7小时。

（7）检验与包装 按质量要求，剔除杂物及不符合要求的不合格品后进行包装与装箱。包装入箱的产品其含水量应不超过7.5%，用纸箱包装，内衬复合塑料袋，外包装用塑料袋扎紧，放置在通风干燥处。

（三）腌制

1. 工艺流程 原料处理→盐渍→翻池→成熟→保存备用。

2. 工艺操作要点

（1）原料处理 要求原料成熟适度，新鲜嫩绿无筋、肉质肥厚、无病虫斑和机械伤，且品种色泽一致，切除两端尖细部分。收获的原料要在阴凉通风处存放，以防发热变质。当天采收当天加工，最长不超过24小时。

（2）盐渍 将整理过的菜豆过秤，根据盐渍池的大小确定腌制数量。盐渍池应整洁、无渗漏，必要时可铺若干层无毒塑料薄膜。每100千克原料用盐量为15～18千克。腌制方法为：先在池底撒一层盐，然后按一层菜豆一层盐的方法层层腌制。为保证腌制效果，每一层菜豆的用量不宜过多且厚薄应尽可能的一致，这样，不仅原料吃盐比较均匀，而且菜豆的色泽也容易一致。撒盐的方法仍然是上多下少，具体掌握下面约20%，中间约30%，上面约35%，封面盐约15%。一池腌满后，上放竹片再压相当于原料重量50%的石块。

（3）翻池 腌制约24小时后应及时翻池。翻池既是不断散热的过程，也有利于腌制的均匀性。翻池完成时应将原卤水全部物归原主并重新压石。

（4）成熟 菜豆腌制完成后一般需约30天的熟化时间完成后熟，此阶段应尽可能地使腌制池处在通风和避免阳光直射的环境下，同时也应勤观察、勤检查，若发现问题，及时进行解决。

（5）保存备用 原料后熟完成后，可撤去石块，将卤水量调整至与原料持平，然后将薄膜折叠后在池表面再覆一层薄膜，薄膜上厚覆泥土或食盐密封存放备用。

第八章 菜豆高效栽培模式

一、菜豆高山越夏再生栽培模式

利用高山夏秋凉爽的气候特点和蔓生型菜豆无限生长、容易抽发侧枝和潜伏芽的生长特性，在菜豆生长中后期，通过植株调整和肥水管理，促进植株重新抽发侧枝、腋芽和花序上花芽分化，达到二次、三次开花结荚的目的。通过菜豆高山越夏再生栽培，产品采摘期可延长 30 天以上，亩增产、增值分别达到 500～800 千克、2 500～3 000 元，增产增收效果显著。

1. 适栽区域和地块的选择 以海拔在 700～1 000 米区域为佳，坡向以东北坡至南坡的朝向为好，菜豆对土壤适应性较广，但以土层深厚，有机质含量丰富，疏松，排、灌条件良好，pH 6.2～7.0 的壤土或沙壤土为宜。选用水旱轮作或未种植过豆类蔬菜的地块，可以减少土壤残留病菌，减轻菜豆根腐病、枯萎病、锈病以及炭疽病等病害的发生和危害。

2. 提前整地施足基肥

（1）整地 菜豆侧根较发达，主要分布在 10～30 厘米土层中，因此，提前早翻、深翻土地有利于根系生长。做成深沟高畦，畦连沟宽 1.6 米，其中沟宽 0.4～0.5 米。高山越夏再生栽培菜豆的畦沟应略宽于常规菜地，以便排水和通风透光。

（2）施足基肥 蔓生型菜豆生长期长，需肥量大，因此，要施足基肥，基肥以有机肥为主，一般每亩施用腐熟农家肥 2 500～3 000 千克（或商品有机肥 450～500 千克）、或优质饼肥 100 千克，钙镁磷肥 50 千克、三元复合肥 50 千克，畦中间开沟条施，施后覆土。

3. 优良品种和播种期的选择

（1）选择优良品种 选用抗高温性、抗病能力强的品种。如红花青荚、浙芸3号、浙芸5号、川红架豆和丽芸2号等适宜高山栽培的优良品种。

（2）适期播种　菜豆高山越夏栽培采用露地栽培，一般播种期选择在5月上、中旬至6月上旬，随着海拔的升高，播种期适当提早。播种时，采用直播的方式。选用粒大、饱满无虫蛀种子，每畦播2行，穴距为45～50厘米，每穴2～3粒种子，亩用种量1.25～1.5千克，播后盖1～2厘米厚的焦泥灰。另需育一部分"后备苗"用于补缺苗。

4. 及时搭架、绑蔓

（1）提前搭好架材　搭好菜豆支架，是高山越夏栽培的关键措施之一。在菜豆甩蔓前，选用直径粗为2～3厘米，长250厘米的小竹竿或小木棍，搭成X形或倒"人"字形支架，在支架交叉位置放置一根架材，并用绳子绑紧，增加支架的牢固性。

（2）及时引蔓上架　蔓生型菜豆在高山越夏栽培时，出苗后7天左右植株开始"甩蔓"，此时，应当及时提蔓，按照逆时针方向，引蔓上架，避免植株间缠绕，促进植株健壮生长，减少病虫害发生。

5. 适时整枝、摘叶　适时摘除植株基部衰老叶、病叶，看长势摘除顶芽是菜豆高山越夏栽培的关键措施。当菜豆采摘到植株主蔓的3/4时，及时摘除下部衰老叶、病虫为害叶片，结合打顶，以加强植株的通风透光，促进新叶的生长、侧枝的抽发、腋芽的萌发和花芽的发育。同时要注意保护好原有的花序，再生栽培时将近1/3的产量来自原有花序上花芽分化而来，所以，在采摘菜豆时尽量不要损伤原有的花序。

6. 肥水管理，重施翻花肥　菜豆高山越夏再生栽培生长期长达120天以上，要保证菜豆植株健壮生长，肥水管理非常关键。在施足基肥的前提下，一般在出苗后约7天和20天时间，结合中耕培土和提蔓，看秧苗长势，亩用三元复合肥5～10千克，各追施一次肥水。菜豆第一花序嫩荚结牢并长出3～5厘米时，亩用三元复合肥10～15千克追施开花结荚肥，采摘盛期每隔10天左右追施一次肥水，每次亩施高钾型复合肥10千克。

蔓生型菜豆连续采摘25天左右时，植株花量明显减少，持续时间 7～10 天。此期是菜豆再生栽培肥水管理关键时期。生产上要亩用三元复合肥 25～30 千克，进行重施肥，及时摘除老叶、病叶，抓好病虫害的防治和注意加固架材，防止倒伏。促进植株侧枝发生和健壮生长，促使侧枝发生大量花序和主蔓顶部潜伏花芽开花结荚，达到再生栽培的目的。通过菜豆高山越夏再生栽培，产品采摘期可延长 30 天以上，亩增产、增值分别达到 500～800 千克、2 500～3 000 元，增产增收效果显著。

7. 病虫害防治 遵循"预防为主、综合防治"的方针，优先运用频振式杀虫灯、昆虫性诱剂、生物农药等物理生物防治技术，病虫发生初期选用低毒高效化学农药防治。如炭疽病可用 10%苯醚甲环唑水分散粒剂 3 000 倍液喷雾防治；锈病、菌核病可用 15%三唑酮可湿性粉剂 1 000～1 500 倍液或 20%腈菌唑乳油 1 500～2 000 倍喷雾防治；根腐病可用 70%敌克松 500 倍液进行浇根；蚜虫可用 10%吡虫啉 2 000 倍液喷雾；豆野螟掌握"治花不治荚"的原则，在现蕾期用 5%氟啶脲乳油 1 500～2 000 倍液或 2.5%多杀霉素乳油 2 000～3 000 倍液进行喷治；潜叶蝇可用 5%氟啶脲乳油 1 500～2 000倍液或 1.8%阿维菌素乳油 2 000～3 000 倍液进行防治。

二、山地春甜玉米—秋菜豆一年两茬露地高效栽培模式

近年来，春甜玉米—秋菜豆高效栽培模式在浙江丽水得到快速发展，该模式充分利用山地丰富的温度、光照、水等气候资源，提高了单位面积土地的利用率和经济效益。该模式适宜在海拔 300～500 米的山地推广，发展前景广阔。

（一）茬口安排及经济效益

春甜玉米于 3 月上中旬播种，4 月上旬定植，6 月份开始采收；菜豆于 7 月中、下旬直播，9 月上旬开始采收，10 月底左右结束。甜玉米亩产鲜穗（带苞叶）1 500 千克左右，产值 3 500 元；菜豆

产量 1 500 千克以上，产值 8 000 元。除去物化成本 2 000 元左右，一年可获利近万元。

（二）栽培技术要点

1. 春甜玉米栽培技术要点

（1）品种选择　选用优质高产、抗病性强，口感甜脆、皮薄渣少的优良品种，如浙甜 2088、穗甜 2 号、超甜 28 等。

（2）适期播种　早春播种期在 3 月上中旬，选用疏松、肥厚的壤土或沙壤土作苗床，也可利用营养钵育苗，播后覆盖 1 厘米左右的细土或焦泥灰，育苗要特别注意防倒春寒，利用大棚或小拱棚覆盖保温育苗。出苗后揭膜通风。当苗 2 叶 1 心或 3 叶 1 心时，即可定植大田，苗龄控制在 20 天左右。

（3）整地定植　土地深翻并整成细碎颗粒状，畦宽 1.2 米，沟宽 30 厘米，四周做好排水沟，防止渍水。畦中间亩沟施腐熟有机肥 1 500 千克、过磷酸钙 50 千克、复合肥 30 千克，覆土成龟背形，后覆盖地膜栽苗。株距 33 厘米左右，亩种植 3 000～3 500 株。栽后浇好定根水。

（4）肥水管理　玉米是一种需肥量较大的作物，除施足基肥外，还要适时追肥，才能获得高产。缓苗后结合清沟培土，亩追施复合肥 1 千克、尿素 1 千克；巧施拔节肥和穗肥，亩施复合肥 20 千克、尿素 7.5 千克、钾肥 10 千克。

（5）适时采收　甜玉米采收适时与否对品质影响很大。一般掌握在吐丝 20～22 天采收为宜。外观上，果穗苞叶已松，花丝变黑褐色，籽粒有光泽时即可分批采收。

2. 秋菜豆栽培技术要点　参照第四章秋菜豆栽培技术。

三、山地瓠瓜—菜豆一年两茬露地高效栽培模式

菜豆生产充分利用前作瓠瓜下架后的架材，既节省了人工和生

产成本，又提高了单位面积土地的复种指数和经济效益。本技术实现了不同科蔬菜的轮作，在增加蔬菜品种上市的同时，减轻了病害的发生，提高了蔬菜的产量和品质。

1. 地块选择　选择海拔 400～700 米的山区地块，要求土层深厚、疏松肥沃、有机质含量丰富、排灌方便的壤土或沙壤土。避免朝西向阳地块。

2. 品种选择　山地瓠瓜可选择浙蒲 2 号、杭州长瓜等品种；菜豆可选择丽芸 2 号、浙芸 3 号等品种。

3. 整地施基肥　种植地块要提前在冬季深翻晒土冻垡，使土壤疏松、减少病原和虫源。种植前，每亩地块施入腐熟厩肥 3 000～3 500 千克、三元复合肥 40～50 千克、钙镁磷肥 30 千克，其中 2/3 肥料用于全层撒施并于土层充分拌匀，1/3 沟施于畦中间。畦面做成深沟高畦，畦宽 120 厘米，沟宽 35 厘米、深 25～30 厘米。提前 2 周做好畦，做成龟背形待播。

4. 茬口安排　山地瓠瓜于 4 月下旬至 5 月上中旬直播，6 月下旬开始采收，7 月下旬至 8 月上旬后及时拉秧；菜豆利用前作瓠瓜架材，于 7 月中下旬在瓠瓜地里直播（此时，菜豆和瓠瓜有段共生期），9 月中下旬开始采收，10 月底采收结束。本模式中，瓠瓜可采收 3 000 千克左右，产值实现约 6 000 元；菜豆实现产量 1 500 千克左右，产值约 8 000 元。除去生产成本，每亩年可获纯利 12 500元。

5. 培育管理

（1）中耕除草　在瓠瓜和菜豆引蔓上架前结合除草，适时进行中耕松土 1～2 次，上架后停止中耕。

（2）搭架整枝　选用粗 1～2 厘米，长 250 厘米的小竹竿或木棍做架材，搭成 X 形架或倒"人"字形架，每 2 根架材交叉处架一根架材，用绳绑紧固定。在瓠瓜蔓长 50 厘米、菜豆甩蔓时，及时引蔓上架。瓠瓜蔓长至 100 厘米时摘心，侧蔓结瓜后再次摘心。菜豆主蔓过架材后，进行打顶，促发侧枝生长和翻花。

（3）追施肥水　瓠瓜摘心后和菜豆甩蔓上架前，结合中耕除草，看秧苗长势，亩用尿素5千克，适时追施1～2次肥水；瓜、豆分批采收后，间隔7天左右追施一次肥水，每次亩用三元复合肥10～15千克、尿素8～10千克。水分管理花前少浇，结瓜（荚）盛期及时浇（灌）水，保持畦面湿润，下雨后及时排水，做到雨停水干，防止田块积水。

6. 病虫害防治　坚持"预防为主、综合防治"的原则，采取农业防治、物理防治和化学农药防治相结合。

（1）农业防治。前茬避免与葫芦科、豆科蔬菜连作；及时清理田间残枝败叶；采取深沟高畦、合理密植；雨后及时排水；重施有机肥，追施磷、钾肥，提高植株抗病能力等。

（2）物理防治。利用害虫趋光、趋化特性，在田间每35～50亩设置一盏杀虫灯，或利用黄板、昆虫性诱剂等进行诱杀，有效减少虫源。

（3）化学防治。瓠瓜主要病害有灰霉病、枯萎病、白粉病，虫害有蚜虫、潜叶蝇、蓟马、红蜘蛛、瓜螟等；菜豆主要病害有根腐病、炭疽病、锈病、细菌性疫病等，主要虫害有豆野螟、蚜虫、潜叶蝇等。灰霉病可选用50%腐霉利1 500倍液喷治；炭疽病可用10%苯醚甲环唑水分散粒剂3 000倍液喷治；锈病、白粉病可用15%三唑酮可湿性粉剂1 000～1 500倍液喷治；根腐病、枯萎病可用70%敌克松500倍液进行浇根；蚜虫可用10%吡虫啉2 000倍液喷治；豆野螟掌握"治花不治荚"的原则，在现蕾期用5%氟啶脲乳油1 500～2 000倍液或2.5%多杀霉素乳油2 000～3 000倍液进行喷治；瓜螟可用5%百铃乳油1 000倍液喷治；潜叶蝇可用5%氟啶脲乳油1 500～2 000倍液等进行喷治。

7. 及时采收　瓠瓜花后10～12天、单瓜重400～600克时，即可采收；菜豆花后10天左右、豆荚不鼓粒，大小均匀即可采收上市。

四、春黄瓜—秋菜豆—冬莴苣一年三茬大棚高效栽培模式

（一）基本情况

1. 茬口安排　见表9。

表9　茬口安排

作物	播种期	定植期	采收期
春黄瓜		2月中旬	6月下旬至7月上旬
秋菜豆	7月中下旬（直播）		10月下旬
冬莴苣	10月上旬	11月上旬	1月中旬

2. 预期产量及效益　见表10。

表10　预期产量及效益

作物	产量（千克/亩）	产值（元/亩）	净收入（元/亩）
春黄瓜	4 000	8 000	7 000
秋菜豆	1 500	8 000	6 000
冬莴苣	1 200	4 000	3 500
全年合计	6 700	20 000	16 500

（二）栽培技术要点

1. 春黄瓜

（1）品种选择　选择早熟、抗病、耐低温弱光的品种，如长春密刺、津优35、津春4号等。

（2）播种　可直播于营养钵内或播于苗床上（此法需分苗）。播后应保持白天25～30℃，夜间18～20℃。出苗后保持白天25～30℃，夜间12～16℃。苗龄40天左右，达到株高15～18厘米，5～6片真叶，叶色浓绿，龙头舒展，茎粗1厘米，节间短，根系

发育好的壮苗要求。

（3）适期定植　在 2 月中、下旬将黄瓜定植于大棚，行株距 80 厘米×45 厘米。

（4）田间管理

①水肥管理。浇水施肥应视苗情、天气及土壤状况灵活掌握。首先浇足定植水，7～10 天后浇一次缓苗水（水量不宜大），然后中耕蹲苗。待苗子叶色深绿，叶片肥厚，坐住根瓜，即结束蹲苗，浇一次催瓜水。以后隔 10 天浇一次水，盛瓜期 5～6 天浇一次水。追肥宜少肥多次，前期少，结瓜盛期多施。每次浇水可随水尿素 20～30 千克/亩。

②其他管理。插架、绑蔓、摘除雄花、卷须、老叶病叶，应及时操作不误农时。

（5）病虫害防治　主要病害有霜霉病、枯萎病、疫病等。霜霉病可喷施 25％甲霜灵可湿性粉剂 1 000 倍液，或 64％杀毒矾超微可湿性粉剂 500 倍液防治；枯萎病可用 75％百菌清可湿性粉剂 600 倍液，或 50％克菌丹可湿性粉剂 400～500 倍液防治；疫病可选用 25％甲霜灵可湿性粉剂 600 倍液，或 64％杀毒矾可湿性粉剂 400 倍液防治。蚜虫可用 10％吡虫啉 1 000 倍液喷治。

（6）及时采收　春黄瓜大棚栽培以早熟为主要目的，前期产量对缓解“春淡”，提高经济效益至关重要。因此，根瓜应适当早收，以利其他瓜条快速生长发育。结瓜盛期 1～2 天采收一次。

2. 秋菜豆

（1）品种选择　秋菜豆栽培幼苗期处在夏季高温季节，开花结荚期在温度渐低、日照渐短的秋季，应选比耐热、抗病毒病和锈病、结荚集中的品种，如红花青荚、丽芸 2 号等。

（2）整地施肥　在播种前 7 天左右，提早深翻土地，做成深沟高畦，畦连沟宽 1.3～1.5 米，深 25 厘米以上。施足基肥，在畦中间开沟亩施腐熟有机肥 2 000～2 500 千克、过磷酸钙 30～40 千克和三元复合肥 20～30 千克，然后把畦整成龟背形。

（3）适时播种　于 7 月中、下旬至 8 月上旬直播大田，播种时若畦面土壤干旱，应先在播种穴内浇足底水。待水完全下渗后播种，不宜过深，以3~5厘米为宜，上覆细土2~3厘米，每穴播3粒种子，亩栽1 800株左右。

（4）田间管理

①中耕蹲苗。植株生长前期正值高温季节，应勤浇水保苗，齐苗后及时查、补秧苗，每穴保留健壮秧苗2株。中耕宜在雨后进行，且宜浅不宜深，除掉杂草即可，促进秧苗加快生长。秧苗甩蔓前搭X形架或"人"字形架，及时逆时针引蔓上架。

②肥水管理。苗期要结合查补苗和中耕进行追施肥水1~2次，每次亩施三元复合肥8~10千克；开花初期适当控制水分供应；坐荚后增加浇水量，雨后及时排水。开花结荚采收期每隔7天左右追肥1次，每次每亩施三元复合肥10~15千克，同时，结合病虫害防治，可叶面喷施0.3%磷酸二氢钾叶面肥2~3次。及时摘除下部病叶、老叶，加强通风透光。

注意及时防治病毒病、锈病、炭疽病以及蚜虫、豆野螟和斜纹叶蛾等病虫害，一般从9月中下旬开始采收，在初霜来临前采收完毕。

3. 冬莴苣

（1）品种选择　冬季莴笋应选择耐寒、高产的圆叶品种，如二青皮、挂丝红、红满田、青挂丝等品种。

（2）适期播种　一般在9月中下旬至10月上旬播种。播种之前，要将苗床充分浇水，后将浸种催芽后的种子均匀撒播于苗床。播种后要覆盖遮阳网或草帘、秸秆进行保湿，出苗后要及时揭去覆盖物。冬季苗龄30~35天，在5~6片叶时定植。

（3）整地施肥　莴笋栽培应以底肥为主，施足底肥可以减少追肥的次数和数量，达到同样的高产效果。因此，亩施农家肥2 000~4 000千克，复合肥25千克（或磷肥40千克）。

（4）合理密植　冬莴笋以亩定植3 500~4 000株为宜。

（5）肥水管理　在定植成活后，要施一次提苗肥，以促幼苗快速生长。当叶片由直立转向平展时，结合浇水重施开盘肥，每亩施尿素10~15千克。在即将封行时，结合浇水每亩再施10~15千克尿素，促使植株扩大开展度和肉质茎长粗。在茎开始膨大时要供应充足的养分和水分，以利形成肥大的嫩茎。

（6）适时收获　茎用莴笋以心叶与外叶"平口"时为采收适期。

五、萝卜—黄瓜—菜豆—芹菜大棚周年高效栽培模式

本模式充分利用了大棚设施条件，有效地延长了蔬菜供应期，增加了市场蔬菜品种。萝卜亩产达到 3 000 千克、产值实现 4 500 元；黄瓜亩产 4 000 千克、产值 6 000 元；菜豆亩产 1 500 千克、产值 8 000 元；芹菜亩产 3 500 千克、产值 8 000 元。四茬合计总产量 12 000 千克、总产值实现 26 500 元，扣除生产成本 6 000 元，亩纯经济效益达到 20 500 元，经济效益十分明显。

（一）茬口安排

春萝卜 2 月上旬播种至 4 月上旬采收；黄瓜 4 月中旬直播，7 月上旬采收结束；菜豆 7 月下旬直播，10 月中下旬结束；芹菜于 9 月上旬异地育苗，10 下旬定植，翌年 2 月采收结束。

（二）栽培技术要点

1. 春萝卜

（1）整地作畦　萝卜喜肥需水，亩用腐熟有机肥 2 000 千克、过磷酸钙 30 千克、三元复合肥 30 千克，整地时施入土内，并充分拌匀，畦连沟宽 1.4 米，做成龟背形畦面待播。

（2）播种　选用耐寒性强，不易抽薹和空心的品种，如白玉春等。每畦播 2 行，株距 30 厘米，每穴点播 1～2 粒。播后覆盖 0.5 厘米厚的细土，上铺地膜保温保湿，促早发芽。

（3）田间管理　播后 1 周左右就可出苗，及时破膜引苗；出苗 10 天后及时查补苗和间苗，每穴留 1 株健壮苗。播后 20 天后要用泥块压实地膜破口处。早春气温较低，大棚内白天气温保持 20～

25℃，夜晚保持 15℃左右。温度过高，要适时揭膜通风换气、降湿。在萝卜"露肩"和播后 1.5 月左右各追施一次肥水。每次亩用三元复合肥 25 千克，随水浇施，保持土壤湿润。

（4）及时采收　萝卜地上部分直径约达 6 厘米以上，单根重约 0.5 千克时，可分批采收上市。采收时叶柄部留 3～4 厘米后切断，清洗干净后包装上市。

2. 黄瓜

（1）整地施基肥　萝卜采收完毕后及时清理大棚，翻耕作畦，畦连沟宽 1.3 米，畦中开沟施入基肥，亩用腐熟有机肥 1 500 千克、三元复合肥 75 千克、过磷酸钙 25 千克。覆盖地膜，打孔后黄瓜直播于穴内，株行距 40 厘米×60 厘米，亩栽 2 500 株左右。

（2）大田管理　5 月上旬后可除去大棚两边裙膜，保留顶膜。提前选用粗 1～2 厘米，长 250 厘米的小竹竿，搭成 X 形架或倒"人"字形架，每 2 根架材交叉处架一根架材，用绳绑紧固定。在黄瓜苗长 30 厘米时，及时引蔓上架，每隔 3～4 片叶绑蔓。黄瓜主蔓到架顶，25 片叶以上时摘心，促发侧蔓结瓜。生长中期要及时摘除下部黄叶、病叶和老叶。根瓜坐稳后加强肥水管理，结合浇水，亩用尿素 10 千克追施肥水一次，结瓜盛期，每隔 7～10 天，结合浇水，亩用三元复合肥 25 千克追施一次。

（3）病虫害防治　遵照"预防为主、综合防治"的防治方针。主要病害有霜霉病、枯萎病、疫病等。霜霉病可喷施 25％甲霜灵可湿性粉剂 1 000 倍，或 64％杀毒矾超微可湿性粉剂 500 倍液防治；枯萎病可用 75％百菌清可湿性粉剂 600 倍，或 50％克菌丹可湿性粉剂 400～500 倍液防治；疫病可选用 25％甲霜灵可湿性粉剂 600 倍液，或 64％杀毒矾可湿性粉剂 400 倍液防治。蚜虫可用 10％吡虫啉 1 000 倍液喷治。

（4）采收　根瓜应适当早收，以利其他瓜条快速生长发育。结瓜盛期 1～2 天采收一次。

3. 菜豆

（1）品种选择　秋菜豆栽培幼苗期处在夏季高温季节，开花结荚期在温度渐低、日照渐短的秋季，应选比耐热、抗病毒病和锈病、结荚集中的品种。如红花青荚、丽芸 2 号等。

（2）整地施肥　及时清理前茬作物，并深翻土地，做成深沟高畦，畦连沟宽 1.3～1.5 米，深 25 厘米以上。施足基肥，在畦中间开沟亩施腐熟有机肥 2 000～2 500 千克、过磷酸钙 30～40 千克和三元复合肥 20～30 千克，然后把畦整成龟背形。于 7 月下旬直播大田，每畦播 2 行，株行距 45 厘米×70 厘米，每穴播 3 粒种子，亩栽 1 800 株左右。

（3）田间管理

①中耕蹲苗。植株生长前期正值高温季节，此时，可揭除大棚顶膜，同时应勤浇水保苗，齐苗后及时查、补秧苗，每穴保留健壮秧苗 2 株。中耕宜在雨后进行，且宜浅不宜深，除掉杂草即可，促进秧苗加快生长。秧苗甩蔓前搭 X 形架或"人"字形架，及时逆时针引蔓上架。

②肥水管理。苗期要结合查补苗和中耕进行追施肥水 1～2 次，每次亩施三元复合肥 8～10 千克；开花初期适当控制水分供应；坐荚后增加浇水量，雨后及时排水。开花结荚采收期每隔 7 天左右追肥一次，每次亩施三元复合肥 10～15 千克，同时，结合病虫害防治，可叶面喷施 0.3% 磷酸二氢钾叶面肥 2～3 次。及时摘除下部病、老叶，加强通风透光。

注意及时防治病毒病、锈病、炭疽病以及蚜虫、豆野螟和斜纹叶蛾等病虫害，一般从 9 月开始采收，10 月中旬采收完毕种植下茬芹菜。

4. 芹菜

（1）品种选择　选用耐寒能力强，抽薹迟的品种，如上海黄心芹、津南实芹等。

（2）育苗　采用异地育苗的方式。选择地时较高，排灌条件良好，疏松肥沃的沙壤土做育苗床。播前浸种并催芽，当有 70% 种子露白时即可播种。播时要撒播均匀，播后及时覆土。

（3）苗期管理　9 月气温较高，育苗大棚上盖遮阳网，防暴雨和太阳直射，以保全苗、齐苗。视土壤墒情每天早晚适量喷水，待70％以上出苗后停止浇水。此后根据具体情况每隔一周浇水一次，苗期浇水不宜过多，见干见湿即可，以防秧苗徒长。

（4）适时定植　芹菜苗龄60天左右时，于10月中下旬移植。此时菜豆采收完毕，应及时清除残枝败叶。移栽前10天，亩用腐熟有机肥2 000千克、三元复合肥50千克，施入土中，并充分拌匀。定植时，行株距为10厘米×8厘米，每穴栽2～3株。定植后用土把根埋上，但不能把芹菜心叶埋入土内。及时浇好定根水。

（5）田间管理　定植一周后扣大棚，以提高棚内温度。芹菜追肥以速效氮肥为主，结合浇水轻施勤施，畦面保持湿润，但不能积水。芹菜病害主要有斑枯病、灰霉病等，可在发病初期用异菌尿、多菌灵、代森锰锌等药剂防治，并加强大棚通风降湿。

（6）采收　芹菜长到40～60厘米高时，可一次性连根收获，洗净扎捆，包装上市。

六、高山菜豆—油菜露地双茬高效栽培模式

高山菜豆后茬种植油菜，充分利用前茬菜豆遗留土中的肥料，省工节本。高山菜豆于5月中旬直播大田，7月中旬始收，10月上中旬结束，亩产菜豆2 000千克以上，产值9 000元；油菜于9月下旬异地播种，11月上旬定植大田，翌年5月采收，油菜籽产量120千克以上，产值1 500元。两茬合计10 500元，扣除生产成本1 500元，亩纯收入达到9 000元。本模式适宜600米以上区域（注意冬季防冻）采用。

1. 高山菜豆

（1）品种选择　选用红花青荚、浙芸3号和5号、丽芸2号等。

（2）育苗　采用直播，合理密植，每亩种植密度为2 000～2 200株，播后盖1～2厘米厚的焦泥灰。

（3）肥水管理　亩沟施充分腐熟有机肥 2 000～2 500 千克，钙镁磷肥 30～50 千克，复合肥 50 千克作基肥，同时亩施生石灰 50～75 千克。根据植株生长情况及时追肥，一般在幼苗期和抽蔓期各追肥一次，可用 15% 的腐熟人粪尿 700 千克（或 10 千克硫酸钾型复合肥）进行浇施。在开花结荚期每隔 5～7 天重施一次，每亩施复合肥 15～20 千克。

（4）栽培管理　出苗后及时进行查苗、间补苗工作，每穴保留 2 株健壮苗，在甩蔓前应选用长 2.5 米竹棒及时搭好"人"字形架，搭架后及时按逆时针方向引蔓上架，结合清沟培土和除草，促进不定根伸展，同时畦面要铺草，以利降低地温，保持土壤水分。在菜豆采收后期，通过对植株打顶，促发侧枝，并摘除病叶和老叶（保留新叶），及时重施追肥 2～3 次，每次亩施复合肥 10～15 千克，结合根外追施 0.2% 磷酸二氢钾叶面肥，保持土壤湿润，做好病虫害的防治，促使菜豆再生，适时采收。

（5）病虫害防治

①主要病害有炭疽病、锈病、枯萎病、菌核病等。炭疽病可用 10% 苯醚甲环唑水分散颗粒剂 3 000～6 000 倍液；锈病、菌核病可用 15% 粉锈灵可湿性粉剂 1 000～1 500 倍液，或 20% 腈菌唑乳油 1 500～2 000 倍液喷雾防治；枯萎病可用 50% 异菌脲可湿性粉剂 1 000～1 200 倍液，或 10% 苯醚甲环唑水分散颗粒剂 3 000～6 000 倍液进行灌根防治。

②主要虫害有潜叶蝇、豆野螟、蚜虫等。潜叶蝇可用 5% 氟啶脲乳油 1 500～2 000 倍液，或 1.8% 阿维菌素乳油 2 000～3 000 倍液喷雾防治；豆野螟从现蕾开始及时喷洒药剂：可用 5% 氟啶脲乳油 1 500～2 000 倍液，或 2.5% 多杀霉素乳油 1 000～1 200 倍液；蚜虫可用 10% 吡虫啉 1 000 倍液喷治。

2. 油菜

（1）品种选择　浙双 72、高油 605、秦优 10 号。

（2）播种育苗　适时早播、早栽、培育壮苗，播种期为 9 月底至 10 月初，秧龄掌握在 35 天左右。

（3）适期定植　适时移栽，于11月上中旬，亩栽2 800～3 500株。

（4）肥水管理　油菜采用免耕法栽培，加强田间管理，基本上不用再施肥料，在开花结荚期喷施硼、钼肥。清沟排水，秋冬干旱要及时灌水，春季雨水较多时要及时排水。

（5）病虫害防治　苗期防治蚜虫为主，可用10%吡虫啉可湿性粉剂1 000倍液进行喷雾防治为主；初花期至盛花期防治菌核病为主，可用40%氟硅唑乳油5 000～6 000倍液，或20%腈菌唑乳油1 500～2 000倍液喷雾防治。

七、早春松花菜—菜豆露地一年两茬高效栽培模式

本模式充分利用山地凉爽气候条件，松花菜后茬种植菜豆，不同科蔬菜轮作，有利减轻病虫为害、改善蔬菜品质和提高单位面积产量、效益。松花菜于2月上旬播种，3月中下旬定植，6月初采收，亩产达到1 500千克、产值实现6 000元；菜豆6月上旬直播大田，7月下旬始收，霜降前结束，亩产2 000千克、产值8 000元。扣除生产成本3 000元，亩纯经济效益达到11 000元，经济效益十分明显。

1. 早春松花菜

（1）品种选择　选用庆农65天、庆农85天等。

（2）育苗　采用营养钵、穴盘育苗，苗龄30～35天，带土定植。

（3）种植密度　每亩定植1 500～2 000株。

（4）肥水管理　亩施腐熟厩肥1 000～2 000千克、钙镁磷肥25千克、硼砂0.5～1.0千克、三元复合肥30千克、钾肥20千克、生石灰50～75千克、钼酸铵50克，其中硼砂、生石灰、钼酸铵必须全园撒施。中后期亩用复合肥50千克追肥1～2次，不能使用碳酸铵或含碳酸铵的肥料，以免花球产生毛花。

（5）栽培管理　作成深沟高畦，及时清沟排渍，在封行前进行畦面覆草，勤施薄肥，在花球长至拳头大小时，及时进行束叶护花。

（6）病虫害防治　主要病害有软腐病、黑根病、根腐病等，软腐病可用95％敌克松可溶性粉剂、72％农用链霉素可溶性粉剂、50％春雷·王铜可湿性粉剂、20％噻菌酮悬浮剂等药剂喷雾和灌根交替防治，黑根病、根腐病可用75％百菌清可湿性粉剂、5％井冈霉素水剂喷雾，并着重喷淋根茎部。主要虫害有蚜虫、小菜蛾、潜叶蝇、菜青虫和夜蛾等，可选用25％吡虫啉可湿性粉剂、1.8％阿维菌素乳油、100亿活芽孢/克苏云金芽孢杆菌可湿性粉剂、75％灭蝇胺可湿性粉剂等喷雾防治。

2. 夏秋菜豆

（1）品种　红花青荚、浙芸3号、丽芸2号等，以红花青荚为主。

（2）育苗　播种前要进行选种、晒种，再用75％百菌清可湿性粉剂500倍液或25％多菌灵可湿性粉剂500倍液浸种20～30分钟，然后用清水洗净待播。

（3）种植密度　每亩定植1 200～1 400穴，每穴播3颗种子，留2株壮苗。

（4）肥水管理　底肥亩施腐熟有机肥1 000～2 000千克，或亩施菜饼肥75千克、复合肥（硫酸钾型）10千克、钙镁磷肥或过磷酸钙40千克。追肥要遵循少施氮肥、多施磷钾肥；花前期少施，开花结荚期重施及少量多次的原则，可用100千克复合肥、钾肥30千克，分4～6次进行，结合病虫害防治进行叶面追肥，结荚期要用硼镁肥、豆角嫩直长、氨基酸等叶面肥追肥。

（5）田间管理

①中耕除草。播后10天齐苗后，进行第一次浅中耕，在搭架引蔓前再进行第二次中耕，并进行畦面覆草。

②搭架引蔓。甩蔓10～20厘米时，用倒"人"字形搭架，并在每排交叉处放一根架材作横杆，用线绳与倒"人"字形架缚紧。

③摘叶打顶。植株生长过旺可适当疏叶，但病叶、老叶要及时摘除，当四季豆主蔓到架顶时，离架顶20～30厘米处进行主蔓打顶，促发侧枝。

（6）病虫害防治　主要病害有锈病、炭疽病、褐斑病、细菌性疫病和病毒病等，锈病可用15％三唑酮可湿性粉剂、10％苯醚甲环唑水溶性颗粒剂等农药防治，炭疽病可用10％苯醚甲环唑水溶性颗粒剂、75％百菌清可湿性粉剂等农药防治，褐斑病可用灭霉灵、百菌清、世高等农药防治，细菌性疫病可用氢氧化铜、农用硫酸链霉素、新植霉素、波尔多液等农药防治，病毒病可用病毒克星、20％病毒A等农药防治。

虫害主要有豆野螟、蚜虫和潜叶蝇等，采取以物理方法预防为主、化学农药防治为辅的方针，首先采用频振式杀虫灯、黄板等诱杀，其次使用化学农药防治。豆野螟可用1.1％百部•楝•烟（绿浪）乳油、5％氟啶脲乳油、1％阿维菌素乳油等农药防治，蚜虫可用10％吡虫啉等农药防治，潜叶蝇可选用75％灭蝇胺可湿性粉剂、50％灭蝇胺可湿性粉剂。

八、莴笋—大白菜—夏小白菜—菜豆大棚高效栽培模式

（一）茬口安排

莴笋于10月上中旬播种育苗，10月下旬至11月上旬定植，翌年2月下旬至3月上旬采收；大白菜于2月下旬播种育苗，3月下旬定植，5月中下旬至6月上旬采收；夏小白菜于6月中下旬直播，7月中旬一次性采收；菜豆于7月下旬直播，9月下旬至11月上旬采收。

（二）栽培技术要点

1. 莴笋

（1）品种选择　选用优质高产、抗病性强、商品性好的品种，如春秋二白皮等。

（2）**播种育苗**　于 10 月上旬播种，每 0.1 亩苗床播 150 克种子。播前将种子放入冷水中浸 6～7 个小时，取出后放入 5℃ 环境下催芽，经 2～3 天有 60％ 种子露白时即可播种。出苗前保持苗床土湿润。齐苗后进行间苗，以防徒长。

（3）**整地施肥**　选择有机质含量高，疏松肥沃、排灌方便的壤土，及时翻耕。每亩施入充分腐熟的有机肥 2 000 千克和三元复合肥 50 千克作基肥。做成深沟高畦，畦连沟宽 1.5 米。

（4）**适时定植**　于 10 月下至 11 月上旬定植，苗龄控制在 25 天左右。定植时尽量多带土，并选择阴天进行。定植后及时浇水，以利成活。

（5）**田间管理**　定植成活后，视幼苗长势进行适当追肥。当植株迅速生长后，须及时追肥 2～3 次，每次亩用尿素 5 千克左右。在封行前亩用尿素 15～20 千克，施一次重肥。定植后要保持田间土壤湿润，进入采收期后做好清沟排水工作，避免春季雨水多、湿度大而发生霜霉病等病害和涝害。

（6）**病虫害防治**　主要有霜霉病和菌核病、灰霉病和蚜虫等。需及时用 10％ 吡虫啉防治，并注意用药要交替使用和严格掌握农药安全间隔期。

（7）**采收**　莴笋茎顶端与最高叶尖相平时为采收适期，此时嫩茎充分长大、嫩脆质佳。采收时连根拔起，用刀削去根部，去掉底部老叶，留下顶部可食用的嫩叶。

2. 大白菜

（1）**品种选择**　选择生长期长、抗冻性强、耐抽薹、对春花要求严格的品种，如春大将、阳春、春夏王等。

（2）**播种育苗**　实施播种是春大白菜种植的关键。于 2 月下旬进行保护地播种育苗。选择疏松肥沃、富含有机质的壤土作苗床。播前苗床浇透水，播后种子上覆盖 0.5 厘米厚的细土，盖上地膜，再搭上小拱棚，覆盖薄膜。

当有 50％ 苗露出土面后，及时揭除地膜，白天保持温度 25℃ 左右，当夜间温度低于 5℃ 时，采用多层覆盖，加强保温。秧苗

1～2 片真叶时及时间苗。苗期注意病害的防治。

（3）整地施肥 及时清除前茬莴笋残株败叶。亩施充分腐熟有机肥 3 000 千克和三元复合肥 50 千克作基肥，充分翻耕后做成深沟高畦，覆盖地膜待定植。

（4）适时定植 当大白菜苗龄达到 25 天左右、有 4～5 片真叶时即可定植于大田。定植时每畦种 2 行，株行距控制在 45 厘米×45 厘米。定植时破膜开挖定植穴，秧苗定植时不宜过深，定植后及时浇好定根水，搭好小拱棚覆盖薄膜保温。

（5）田间管理 定植后以保温为主，白天保持 15～25℃，夜间不低于 10℃。小拱棚应早揭晚盖，随着气温回升，到 4 月中旬后即可将小拱棚拆除。整个生长期内视植株生长情况可追肥 2～3 次，追肥重点时期在结球初期和中期，每次结合灌水，亩用尿素 10～15 千克进行追肥。收获前 10 天停止灌水和施肥。

（6）病虫害防治 主要病虫害有软腐病、霜霉病以及蚜虫等。可分别用 72.2% 霜霉威水剂 1 000 倍液，72% 霜脲·锰锌可湿性粉剂 1 000 倍液等药剂进行喷雾防治。

（7）采收 当大白菜叶球紧实时即可开始分批采收。

3. 夏小白菜

（1）品种选择 选择耐热性好、抗逆性、抗病性强的品种，如热抗青 1 号、新夏青等。

（2）整地施基肥 在上茬大白菜采收结束后，及时清园并用 98% 恶霉灵可湿性粉剂 3 000 倍液进行土壤消毒，然后平整土地，亩施商品有机肥 150 千克、三元复合肥 25 千克作基肥，然后进行翻耕，并做成连沟宽 2 米宽的高畦。

（3）适时播种 夏小白菜于 6 月中旬播种。播前一天，土壤要浇透水，播后浅耙畦面，并浇水一次，畦面上用遮阳网覆盖。播后到出苗前保持畦面湿润，出苗后及时揭去遮阳网。

（4）田间管理 夏小白菜处于高温季节，且采收期短，一般不施追肥，田间管理重点是水分管理。浇水必须在早晨或傍晚，有条件可采用微喷灌，保持土壤湿润。在中午阳光直射强烈时在大棚薄膜上覆盖遮阳网降温，在周边覆盖防虫网进行防虫。

（5）采收　夏小白菜生长期短，一般播后 20～25 天即可采收。一次性采收后整理上市。

4. 菜豆　参照"萝卜—黄瓜—菜豆—芹菜大棚周年高效栽培技术"中菜豆栽培管理技术。

九、浙西南山区菜豆—盘菜一年两茬高效栽培模式

（一）茬口安排

高山菜豆—盘菜一年两熟高效栽培模式高山四季豆于 5 月上旬播种、9 月中旬结束，产量达 37 140 千克/公顷、产值达 14.85 万元/公顷；高山盘菜于 8 月下旬播种，9 月中下旬定植，11 月上旬收获，产量达 34 750 千克/公顷、产值达 10.45 万元/公顷；两茬产值合计 25.3 万元/公顷，经济效益明显。

（二）栽培技术要点

1. 高山菜豆

（1）选择田块　高山菜豆栽培地块以 700 米以上土层深厚，有机质含量高、疏松，排、灌条件好，pH 6.2～7.0 的壤土为最好。

（2）品种选择　选择优质高产、耐高温、生长势强的蔓生型品种，如浙芸 3 号、丽芸 2 号和浙芸 5 号等。

（3）整地施肥　菜豆根系入土较浅，因此，要早翻与深翻土地，有利于根系生长。一般畦连沟宽 1.5 米，畦沟施充分腐熟栏肥30 000～37 500 千克/公顷或三元复合肥 700～750 千克/公顷、钙镁磷肥 450 千克/公顷，如土壤过酸，可施生石灰 1 125 千克/公顷。

（4）适时播种　为延长采收期，高山菜豆随着海拔升高，播种期适当提前。一般海拔 700 米以上山区，高山四季豆于 5 月上、中旬直播大田，每畦播 2 行，穴距为 45～50 厘米，每穴 2～3 粒，用种量 30～37.5 千克/公顷。播后上盖 1～2 厘米厚的焦泥灰。另需

育一部分后备苗用于补缺苗。

（5）田间管理

①铺设滴灌带。山区夏季容易缺水，因此，高山四季豆播后应在畦面铺设滴灌管，每畦铺设 2 行。滴灌管使用期间应定期冲洗，以免堵塞。

②查（补）苗、间苗。高山四季豆播后 7～10 天即可齐苗。齐苗后要进行查苗、补苗，同时做好间苗工作，一般每穴留 2 株健壮苗即可。

③中耕松土。一般中耕松土 2 次。结合查苗和间苗，进行第一次浅中耕和除草，第二次中耕在"甩蔓"前进行，并结合清沟培土，以促进不定根的生长。

④搭架引蔓：高山菜豆在甩蔓前应选用长 2.5 米竹棒及时搭好"人"字形架或 X 形架，在竹棒 2/3 处横放一根架材作横梁，用细绳扎紧固定。搭架后及时按逆时针方向引蔓上架。

⑤肥水管理。高山菜豆追肥要掌握早施、淡肥勤施、开花结荚期重施的原则。一般开花结荚前视秧苗的长势，结合中耕培土，利用滴灌追施 1～2 次，每次施复合肥 75 千克/公顷；进入采收盛期后，四季豆需大量的肥水，隔 5～7 天利用滴灌水肥同灌，每次施硫酸钾型复合肥 75～112.5 千克/公顷。在结荚初期和盛荚期根外追硼肥、钾肥各一次，以提高座荚率。

⑥打顶摘叶。在高山菜豆生长后期，对菜豆进行摘心打顶，并摘除病叶和衰老叶（保留新叶），注意保护好原有的花序。利用滴灌进行追施肥水 2～3 次，每次施用复合肥 225 千克/公顷，保持土壤湿润；结合根外追肥，做好病虫害的防治工作；同时要加固架材，防止倒伏。促进菜豆的侧枝发生和健壮生长，达到二次开花结荚的目的，可以延长菜豆采收期 20 天以上，增加产量 40％以上。

（6）病虫害防治　高山四季豆病虫害主要有炭疽病、锈病、豆野螟、蚜虫和潜叶蝇等。炭疽病可用 25％吡唑醚菌酯乳油 1 500 倍液防治；锈病可用 10％苯醚甲环唑水溶性颗粒剂 1 000 倍液喷雾防治；豆野螟在现蕾期用 5％氯虫苯甲酰胺胶悬剂 1 000 倍液进行喷治；蚜虫可用 20％苦参碱可湿性粉剂 2 000 倍液防治；潜叶蝇可用 1.8％阿维菌素 1 000 倍液进行防治。

（7）采收 高山菜豆一般在花后 10～12 天就可采收上市，在采收盛期，应坚持每天采一次。同时要做好分级包装，以提高菜豆的商品性。

2. 高山盘菜

（1）选择品种、培育壮苗 为提早上市，高山盘菜选择品质好、早熟丰产的品种，如玉环盘菜、玉环早熟盘菜等。8 月下旬播种，用种量为 300 克/公顷左右。播前苗床浇足底水，将种子于细土拌匀后撒播于苗床，播后覆盖 0.5 厘米厚的细土并铺设湿稻草（或遮阳网）保湿，3～5 天后出苗要及时去除稻草等覆盖物。出苗后 7～10 天应及时进行间苗，苗距控制在 2～3 厘米，苗期注意防治蚜虫和病毒病。苗龄 25～30 天即可选择壮苗定植。

（2）精细整地、施足基肥 前作菜豆拉秧后，及时深翻土地，整地做畦，畦连沟宽 1.5 米，沟深 15～20 厘米。畦沟施充分腐熟商品有机肥 22 500 千克/公顷，硫酸钾型复合肥 750 千克/公顷，草木灰 1 500 千克/公顷，硼砂 15 千克/公顷，翻耕时，肥料与泥土要充分拌匀，等待定植。

（3）适期移栽、合理密植 盘菜播后 25～30 天，选用子叶完整匀称，真叶 4～6 片，肉质根膨大至黄豆粒大小的壮苗进行带土定植，定植时注意扶正秧苗，小肉质根要露出土，一般每畦种 3 行，株行距 40 厘米×50 厘米，栽后浇定根水。

（4）田间管理

①中耕除草。中耕除草可以改善土壤墒情，防除杂草和有利于肉质根膨大生长。盘菜定植后一般进行 1～2 次中耕，第一次在定植成活后，肉质根 2～3 厘米时进行，第二次在肉质根快速膨大前进行。每次中耕要浅，以免伤及肉质根，避免泥土覆盖肉质根。

②肥水管理。在施足基肥的基础上，盘菜着重进行两次追肥，第一次在肉质根 2～3 厘米时，结合中耕，用 10％的腐熟人粪尿 4 500 千克/公顷进行追肥；第二次在定植 20 天后肉质根膨大至 6 厘

米以上，用三元硫酸钾型复合肥 300 千克/公顷进行追肥，以后看苗长势，一般不再追肥。在水分管理上，肉质根膨大前期需水量少，肉质快速膨大期间要勤浇、多浇水，但切忌引水漫灌，以畦面土壤湿润为宜。

③病虫防治。盘菜的主要病虫害有病毒病、软腐病、叶斑病、蚜虫等。病毒病前期防治好蚜虫，在发病初期用 20％病毒 A 可湿性粉剂 600～800 倍液喷雾防治；软腐病可选用 72％硫酸链霉素4 000倍液防治；叶斑病可用 10％苯醚甲环唑水分散粒剂 1 500 倍液防治；蚜虫用 20％苦参碱可湿性粉剂 2 000 倍液防治。

（5）适时采收、分级上市　一般在定植后 50～60 天，单根重0.5～1 千克即可采收，同时根据市场行情做好分批、分级上市。

十、浙西南山区高山菜豆—白萝卜高效轮作栽培模式

（一）茬口安排与海拔要求

1. 茬口安排　见表 11。

表 11　茬口安排

作物	播种	采收期
菜豆	5 月上中旬	7 月上旬至 9 月下旬
萝卜	9 月中下旬	11 月中下旬至 12 月上旬

2. 海拔要求　根据浙江丽水高山菜豆结合长季节栽培的要求，适宜该模式栽培的海拔一般要求在 700～1 250 米为宜。

（二）栽培技术

1. 高山菜豆

（1）整地与施基肥　深翻土壤后每亩施生石灰 50～100 千克，做成畦面 0.7～0.8 米、沟宽 0.6～0.7 米、沟深 20 厘米的龟背形畦面，畦面每亩沟施有机肥 1 200～2 500 千克，钙镁磷肥 30～50

千克，硼砂 2～3 千克。

（2）播种

①品种选择。目前市场一般对商品性需求荚长、荚嫩绿、条形直的品种，一般选用丽芸 2 号、浙芸 5 号、红花青荚。

②播种。选用粒大、饱满无虫蛀的种子，播种前用 500 倍液的 25% 多菌灵可湿性粉剂浸种 30 分钟，晾干后播种。若土壤干燥，播种前一天浇足底水。另外需育 5%～10% 的后备苗用于补缺苗。穴播，每畦 2 行，每行距离沟边 12 厘米左右，穴距 50～60 厘米，每穴 3～4 粒种子，每亩用种量 1.5 千克左右，播后盖土 1～2厘米。

（3）田间管理

①查苗、补苗、间苗。播种后 7～10 天进行查苗、补苗，同时做好间苗工作，一般每穴选留 2 株健壮苗。

②松土。出苗后至第一张真叶展开时，畦面进行浅松土，同时结合预防治根腐病、猝倒病的发生。

③生长调控。当幼苗长至 2～3 片叶时，视植株长势，喷施一次营养叶面肥（如天然芸薹素等），以促进幼苗健壮生长。

④中耕、施肥、除草、培土。当幼苗长至 4～5 片叶时进行第一次中耕、施肥、除草、培土，每亩施氮（N）、磷（P_2O_5）、钾（K_2O）各 15% 的复合肥 10～15 千克。

⑤搭架、铺草。在甩蔓前应选用长约 2.5 米竹棒及时搭好倒"人"字架，倒"人"字形架是指每两根竹子交叉绑成倒"人"字形，交叉处下面 1/3，上面 2/3，并在每排交叉处放一根架材做横杆，用线绳与倒"人"字形架缚紧，在两头要打固定桩，增强抵抗台风能力，防止豆架倒伏。在竹棒 1/3 处横放一根架材作横梁，用绳扎紧。搭架后及时按逆时针方向，采用新型实用的绑蔓机进行引蔓上架。同时畦面铺草。

⑥疏叶、打顶。在菜豆植株长满架时可选择进行打顶控势，同时，清除老叶、病叶。

（4）肥水管理　高山菜豆追肥掌握"适施氮肥、多施磷钾肥、花前少施、开花结荚期重施及少量多次"的施肥原则。一般在苗期和抽蔓期各追肥一次，每亩可用15％的腐熟人粪尿600千克，或用0.3％复合肥15千克进行浇施。在开花结荚期每隔7～10天施一次肥，每次每亩施氮（N）、磷（P_2O_5）、钾（K_2O）各15％的复合肥15～20千克。在菜豆盛产时期可用氨基酸或磷酸二氢钾进行根外追肥。

（5）二次翻花栽培技术　二次翻花栽培技术是高山菜豆长季节栽培中利用高海波气候条件的一项关键技术，是菜豆中后期在原花序上未开放的花进一步发育，开花结荚，在前期采摘时不要把豆柄和豆荚一起采掉，在翻花结荚时要进行追施硼肥，否则会导致缺硼引起菜豆品质下降，主要关键在于肥水的调节。在施足基肥的基础上，开始采收后每隔10天施一次肥，每次每亩施三元复合肥10千克。豆荚连续采收20天左右会出现一个生长停滞期，持续7～10天，开花数量会减少，此时是蔓生型菜豆长季节栽培的又一关键时期。如果不加强肥水管理，植株的生长就会开始减弱，产量逐步减少，豆荚的质量也逐渐变劣，弯曲豆荚变多。所以在这个时期要重施翻花肥，每亩施三元复合肥25～30千克，摘除中下部的老叶、病叶。促进基部侧蔓的形成，促进花柄、腋芽萌发和花芽的发育。肥料在两株的中间（每4株开2穴）开穴施入，施后盖土，两株之间轮流开穴施肥。开花前适当控制浇水，开花结荚后适当加大水分，总体保持湿而不干为宜。在二次翻花时，如不施足肥，难以保障后期产量和生长势。

（6）病虫害防治

①虫害。根据菜豆的虫害发生情况，主要有蚜虫、潜叶蝇、蓟马、豆野螟等，防治时采用物理防控与化学防治相结合进行，物理防治应用色板、太阳能杀虫灯等措施；化学防治时，如蚜虫每亩使用0.3％苦参碱水剂100～150克，或0.36％苦参碱水剂80～120克，或1％苦参碱可溶性液剂30～45毫升，或2％苦参碱水剂15～20毫升，兑水40～50千克均匀喷雾；防治潜叶蝇可选用75％灭蝇胺可湿性粉剂3 000倍液喷施，50％灭蝇胺可湿性粉剂2 000倍液

等农药喷雾；防治蓟马可选用10％吡虫啉可湿性粉剂5 000～6 000倍或40.7％毒死蜱乳油2 000～2 500倍喷雾；防治豆野螟应在现蕾开始施药，重点喷蕾、花、嫩荚和落地花，药剂可选用2％阿维菌素乳油1 500～2 000倍液，或5％氟啶脲乳油1500倍液，或48％毒死蜱乳油1 000倍液，或52.5％氯氰·毒死蜱乳油1 000倍液等农药交替使用。

②病害。高山菜豆主要病害有根腐病、立枯病、细菌性疫病、锈病、炭疽病等，防治时采用物理防治、农业防治与化学防治综合防治。在化学防治时，根腐病发病初期用70％甲基硫菌灵可湿性粉剂500倍液，或77％氢氧化铜可湿性粉剂500倍液，或14％络氨铜水剂300倍液喷灌；立枯病发病初期开始喷洒95％恶霉灵（绿亨1号）精品3 000倍液或75％百菌清（克达）可湿性粉剂600～800倍液，20％甲基立枯磷乳油1 200倍液，5％井冈霉素水剂500～1 000倍液，30％甲基立枯磷乳油1200倍液；细菌性疫病发病初期喷药预防，可用50％春雷·王铜可湿性粉剂500～600倍液，或77％氢氧化铜可湿性粉剂500～600倍液；锈病在发病初期可选用10％苯醚甲环唑水分散颗粒剂1 000～1 500倍液喷雾；炭疽病发病初开始喷洒25％溴菌腈（炭特灵）可湿性粉剂500倍液或25％咪鲜胺（使百克）乳油1 000倍液、80％福·福锌可湿性粉剂800倍液、75％百菌清（克达宁）可湿性粉剂600倍液、30％苯噻氰（倍生）乳油1 200倍液等农药防治。

（7）采收　高山菜豆从开花到采收时间为15～20天，当豆粒略显，豆荚大而嫩，籽粒未鼓前采收，及时分批采摘嫩荚，采摘在上午露水干后进行，初期2天采摘一次，高温盛荚期每天采摘一次。

2. 高山萝卜

（1）选择品种　可适宜种植的品种有胡萝卜、白萝卜以及红萝卜等类型，浙江丽水本地以白萝卜品种为主，如雪龙春萝卜等。

（2）播前准备　由于前茬菜豆于9月底采收完毕后，萝卜播种时间较为前移，故整地应在菜豆播种前耕作到位，待菜豆采收完毕后，施入基肥，每亩施高效有机肥 500～1 000 千克，如没有有机肥，也可每亩施入复合肥 50 千克加少量尿素和磷酸二氢钾，然后适当翻耕，畦面表面表土一定要细碎、平整，以利于播种和发芽整齐。

（3）播种　撒种和条播均可，覆土厚 1.5 厘米左右。播种后用耙子耙 2～3 遍，使地表平整，种子上部浮土要细碎。播完后用铁锹背轻拍畦面，使种子与土壤结合紧密。

（4）田间管理

①间苗、定苗。幼苗出齐后的苗期间苗 2 次。第一次间掉劣苗、弱苗与过密苗，留苗株距约 3 厘米；第二次间苗在幼苗 4～5 片真叶时进行，定苗后株距 7～9 厘米、行距 20 厘米左右。

②中耕培土。在萝卜生长期可据实际需要进行中耕保墒，中耕后培土至萝卜根肩部，防肉质根颜色异常，提高萝卜肉质根的商品性。

（5）肥水管理　苗期需水量不大，水分不宜过多，促进主根下伸和须根发展，叶片全部展开后进入肉质根膨大期，需要及时充足追肥浇水，保持地面见干见湿。肉质根膨大期，每亩施三元素复合肥 15～20 千克。

（6）病虫害防治　高山萝卜病虫害主要有黑腐病、蚜虫、小菜蛾等。病虫害防控通过物理防治、农业防治与化学防治相结合，如物理防治可以用小菜蛾性诱剂防治小菜蛾，化学防治时黑腐病防治用一般用 77％氢氧化铜可湿性粉剂 500～800 倍液喷雾处理；蚜虫用 10％吡虫啉 2 000 倍液防治。

（7）采收　根据萝卜实际生长情况和市场行情适时采收，在 11 月底至 12 月上旬收获完毕。萝卜收获后根据相关要求进行清洗、分级，按照一定规格定量包装上市。

第九章 丽水市高山菜豆产业现状及高山蔬菜产业发展

丽水市龙泉市屏南镇是浙江省海拔最高的建制镇，毗邻凤阳山国家级自然保护区，近年来，该镇立足高山实际，充分发挥环境好、温差大、无污染等生态优势，大力发展高山菜豆产业，高山菜豆从无到有，从弱到强，从强到特，并呈现出从业人员多、种植面积广、产品质量好、销售渠道畅的发展态势，带动了农民增收致富。通过在龙泉市屏南镇蹲点调研，对 2010—2015 年的播种面积、产量、市场价格走势等指标进行了统计，结合产业发展情况，对龙泉市高山菜豆产业发展做如下浅析。

一、近 6 年丽水龙泉市屏南镇高山菜豆产业的发展

1. 播种面积 从图 1 可以看出，2010—2015 年，丽水龙泉市屏南镇高山菜豆产业规模稳步递增发展态势，从 2010 年的 166.7 公顷，到 2015 年已经发展到 233.3 公顷，年平均增加 13.3 公顷，2015 年比 2010 年增加了 66.7 公顷，增加了 40%。其中，2010—2014 年高山菜豆面积逐年递增，2015 年高山菜豆面积与 2014 年一样，稳定在 233.3 公顷的规模。

2. 亩均产量 从图 2 可以看出，2010—2015 年屏南高山菜豆平均亩产量呈抛物线趋势，2010—2012 年，亩产呈逐年递增的趋势，2012 年达到历史亩产量最高点，平均亩产从 1 900 千克升至 2 260千克；2012—2015 年呈递减，平均亩产走下降趋势，2012—2015 年，亩均产量下降了 360 千克，降幅达 15.9%，年降幅达 7.95%。

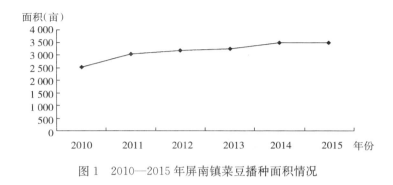

图 1　2010—2015 年屏南镇菜豆播种面积情况

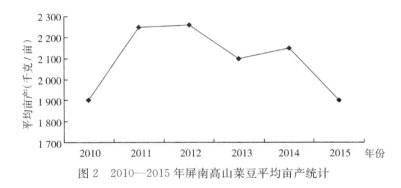

图 2　2010—2015 年屏南高山菜豆平均亩产统计

3. 价格走势　从图 3 可以看出，2011—2015 年屏南高山菜豆市场价格总体呈上升态势，2015 年的价格近 5 年来最高的年份。从价格波动曲线来看，2011—2014 年价格总体平稳，2015 年价格波动较大，总体价格明显高于其他年份。从图 4 的平均价格图中，2010—2015 年平均价格逐年递增趋势，从 2010 年的平均价格 4.32 元/千克增加到 2015 年的 8.4 元/千克，近 5 年价格增加了 4.08 元/千克，增幅达 94.4%。

4. 效益情况　从图 5 可以看出，高山菜豆效益逐年递增趋势，亩产值从 2010 年的 8 208 元增至 2015 年的 15 960 元，近 5 年增加 7 752 元，年均增加 1 550.4 元，增加幅度达 94.4%，年平均增加

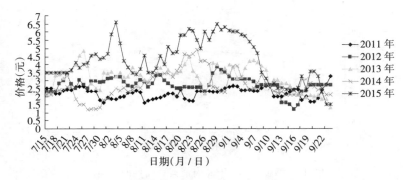

图 3　2011—2015 年菜豆价格比较图

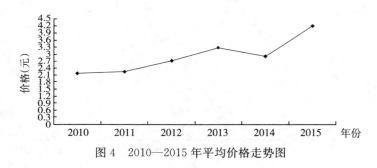

图 4　2010—2015 年平均价格走势图

幅度 18.9％。从图 6 可以看出，菜豆总产值近 5 年也呈上升趋势，从 2010 年的 2 060 万元，到 2015 年已经达到 5 586 万元，增加了 3 526 万元，增幅 171.2％，年均增加 705.2 万元，年均增幅 34.2％；从图 5 和图 6 也可以看出，2014 年的菜豆亩均产值和总产值较 2013 年有所下降。

二、结果与分析

1. 菜豆产业规模趋于平稳，且有走下坡趋势　龙泉市屏南镇的高山菜豆产业于 2007 年开始发展，经过历届党委政府和农业推广部门的努力下，屏南高山菜豆产业实现了快速健康发展，从前面

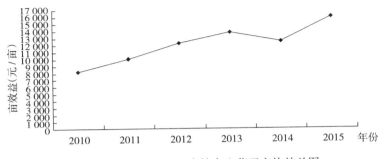

图 5　2010—2015 年屏南镇高山菜豆亩均效益图

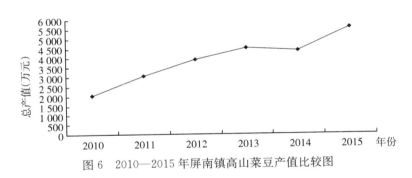

图 6　2010—2015 年屏南镇高山菜豆产值比较图

的产业发展规模走势来看，产业规模目前稳定。通过调研，随着城市化进程的加快，农民下山进城人员呈逐年递增的趋势，从事农业生产的农民在逐年下降，特别是从 2014 年开始农民下山增加趋势明显，预计今后屏南高山菜豆面积有可能会下降。

2. 多年连作、品种退化，降低了亩均产量　屏南镇高山菜豆产业已经走过 8 个年头，虽然产业发展态势良好，但是亩均产量却在逐年降低，主要有以下原因：一是由于屏南镇耕地面积少，人均面积仅 1 亩左右，使得菜农不能有效轮作；二是新品种少、品种退化，由于市场相对缺少当地种植的新优品种，引进的新品种较为缺乏，同时同一品种由于农民以自留种为主，品种退化现象较为严重；三是配套栽培技术到位效率不高，当地菜农受传统种植习惯的根深蒂固，对新技术如土壤改良技术等接受程度不一，综上原因造成了目前菜豆亩产量在逐年下降，亟待依靠科技来提升。

3. 价格总体呈上升趋势，总体效益增幅显著　近 6 年以来，屏南镇高山蔬菜产业通过"高山蔬菜协会＋销售客商＋基地＋农民"模式销售，通过每天招投标形式定价，菜豆价格与全国农产品销售价格趋势保持一致，逐年递增，亩产值和农产值均实现了大幅上升，虽然亩产量下降，但是由于价格大幅上升，减去亩产下降幅度，年均升幅还达 10.95％，使高山菜豆和高山茭白成为丽水市产业规模最大、效益最高的高山蔬菜支柱品种。

三、建　　议

通过以屏南高山菜豆产业的发展情况分析，高山蔬菜产业已经从量变转为质变的发展，着眼长远发展，亟待解决高山蔬菜产业转型升级。

1. 逐步改变传统种植模式，提升组织化经营水平　龙泉市屏南镇高山蔬菜以千家万户分散生产的传统种植模式，在龙泉被称为屏南模式，随着农村人口和劳动力的转移，原来这一适合屏南高山蔬菜产业发展模式，已经与现代农业产业发展不相适应。亟须有一批年富力强的经营人才，同时引进工商资本和企业，探索集中经营模式，以开展土地统一流转、生产和销售为方向，走产销一体化，提升组织化经营水平。

2. 强化科技支撑体系，提升科技水平　一是通过招才引智，强化与科研院校合作。通过科研院所合作，集中力量针对丽水市农业生产实际开展科技研究与推广；二是强化区域特色的核心示范基地建设，增强科技示范带动能力，提高农业科研成果转化推广效率；三是强化产业农技员队伍建设，加强对本地土专家的科技培训，提升科技服务能力；四是强化多形式指导和技术培训，实现科技入户，促进面上推广。

3. 延伸产业链，提高精深加工水平　蔬菜作为生鲜农产品，为保障销售渠道的畅通，要加强冷链体系建设，大力推进品牌销售体系建设；延长产业链，提高附加值，通过如菜豆、茄子等加工成各种产品，再通过品牌化销售，既提高了产品附加值，又缓解高山蔬菜产业的销售压力，将有效促进高山蔬菜产业的健康持续发展。

浙江省高山菜豆病虫害综合防治月历

月份	防 治 方 法
1~3 月	本段时期是高山菜豆种植空闲期，大部分地区处于霜冻期，同时也是多数病虫越冬休眠期。田间应清理枯枝落叶和杂草，有条件的进行翻耕、冻垡，可安排种植白菜等冬季作物。做好高山菜豆种植规划，要求与非豆科作物轮作间隔 2 年或以上，最好与水稻、葱蒜类蔬菜轮作；选择并确定抗病虫品种，做好良种、架材、肥料等物资及其他播前准备工作
4 月	自本月中下旬开始，提前做好高山菜豆种植地块的整地做畦和播前种子消毒等工作。整地前应翻晒土壤并灌水，铲除菜地周围的杂草，以杀死部分害虫蛹和幼虫，要求高畦深沟，增施腐熟的有机肥作为基肥；种子消毒可用 50℃温水浸种 15 分钟晾干后再播种，或用种子重量 0.3%的 50%多菌灵可湿性粉剂拌种。早播地块做好苗期地下害虫的防治工作。防治地下害虫可采用糖醋酒液（按糖、醋、酒、水比例 3：4：1：2）或黑光灯诱杀，在一至二龄幼虫盛发高峰期用药灌根，或用颗粒剂拌细土撒施或穴施
5 月	自本月上旬开始，高山菜豆陆续进入播种期，继续做好苗期地下害虫的防治工作。田间做好查苗补苗，注意防治蚜虫等害虫，防治蚜虫可采用黄板诱杀或用吡虫啉喷雾防治
6 月	做好细菌性疫病、灰霉病、炭疽病、菌核病、枯萎病、根腐病、褐斑病、美洲斑潜蝇、豆蚜等病虫害的防治工作，如有现蕾的菜豆要做好豆野螟的防治。新播种的地块仍要做好苗期地下害虫的防治。防治细菌性疫病应在发病初期选用春雷·王铜、氢氧化铜、甲基硫菌灵等喷雾，每隔 7 天 1 次，连续喷药 3~4 次；防治灰霉病应在发现零星病斑时及时用腐霉利、异菌脲、嘧霉胺等喷雾，每 7 天喷 1 次，连喷 3 次；防治炭疽病在发病初期用咪鲜胺、代森锰锌、百菌清、大生 M-45、苯醚甲环唑、甲基硫菌灵等喷药，每隔 7~10 天喷 1 次，连喷 2~3 次；防治菌核病在发病初期用菌核净、多菌灵等喷雾，每隔 10 天 1 次，连喷 2~3 次；防治枯萎病、根腐病应在田间出现零星病株时用多菌灵、甲基硫菌灵等灌根，间隔 10 天，连灌 2~3 次；防治褐斑病在发病初期用甲基硫菌灵、多菌灵等喷雾，每隔 10 天喷药 1 次，连喷 2~3 次；防治美洲斑潜蝇在二龄幼虫期前（虫道 0.3~

附录 1

（续）

月份	防 治 方 法
6 月	0.5 厘米）用灭蝇胺、潜蝇灵、阿维菌素等喷施，每隔 7 天 1 次，连喷 2～3 次；防治豆野螟可用阿维菌素、氯虫苯甲酰胺、茚虫威等药剂，重点喷施花蕾、嫩荚和落地花，用药时间宜在早上 10 时前豆花盛开时或在傍晚喷药，以提高防效
7 月	对现蕾期的高山菜豆要切实做好豆野螟的防治，同时要做好烟煤病、白粉病、美洲斑潜蝇、豆蚜等病虫的防治工作。本月新播种的地块仍要做好苗期地下害虫的防治。防治锈病在发病初期用氯硅唑、苯醚甲环唑、代森联等喷药，每隔 7～10 天 1 次，连续 2～3 次；防治烟煤病在发病初期用多菌灵、喷克、大生 M - 45、氢氧化铜、腐霉利等喷药，7～10 天 1 次，连续喷 2～3 次；防治白粉病在发病初期用三唑酮、腈菌唑、苯醚甲环唑、氟硅唑等喷药，每隔 5～7 天喷 1 次，连喷 2～3 次
8 月	继续做好豆野螟、锈病的防治，同时注意白粉病、烟煤病、美洲斑潜蝇、红蜘蛛、豆蚜等病虫害的发生
9 月	加强高山菜豆锈病的防治，继续抓好豆野螟的防治，注意美洲斑潜蝇、豆蚜等病虫害的发生
10～12 月	及时清理植株残枝败叶、杂草和灌水翻耕。可安排种植萝卜等冬季作物

附录 2

豆科蔬菜病虫害防治推荐药剂合理使用准则

病虫害	剂型及含量 （通用名）	使用 浓度	备注	安全 间隔期 （天）	每季最 多使用 次数
蚜虫	3%啶虫脒微乳剂	800 倍液	在蚜虫初发时 用药，豆类、瓜 类对吡虫啉敏感， 易产生药害	8	3
	10%吡虫啉可湿性粉剂	2 000 倍液		7	2
	25%噻虫嗪水分散粒剂	8 000 倍液		5	4
	25%吡蚜酮可湿性粉剂	2 000 倍液		7	1
	10%烯啶虫胺水剂	1 200 倍液		7	2
甜菜夜 蛾及斜 纹夜蛾	5%氯虫苯甲酰胺悬浮剂	1 000 倍液	在低龄幼虫期 使用，蚕桑生产 区氟苯虫酰胺禁 止使用	1	2
	20%氟苯虫酰胺水分散粒剂	3 000 倍液		7	3
	30%氯虫·噻虫嗪悬浮剂	2 000 倍液		5	4
	5%虱螨脲乳油	1 000 倍液		7	1
蓟马	10%吡虫啉可湿性粉剂	2 000 倍液	防治时除需喷 施作物以外，还 需喷施地面、大 棚、栏杆等	7	2
	3%啶虫脒微乳剂	3 000 倍液		8	2
	60 克/升乙基多杀霉素悬 浮剂	2 000 倍液		7	3
	25%噻虫嗪水分散粒剂	8 000 倍液		5	4
地下 害虫	0.2%联苯菊酯颗粒剂	5 千克/亩	拌土、行侧开 沟施药或撒施	7	1
	1%联苯·噻虫胺颗粒剂	3~4 千克/亩		7	1
	0.4%氯虫苯甲酰胺颗粒剂	0.7~1.5 千克/亩		3	2
	5.7%氟氯氰菊酯乳油	1 500 倍液		7	2
美洲斑 潜蝇	50%灭蝇胺可溶性粉剂	2 500 倍液	成虫盛发期 用药	7	2
	2%甲维盐乳油	3 000 倍液	成虫始发期 用药	7	2
	1.8%阿维菌素乳油	2 500 倍液		7	1

（续）

病虫害	剂型及含量（通用名）	使用浓度	备 注	安全间隔期（天）	每季最多使用次数
豆野螟	5%氯虫苯甲酰胺悬浮剂	1 000 倍液	花始盛期用药，用药时要对准花苞和落花喷雾，注意安全间隔期	1	2
	1%甲维盐乳油	2 000 倍液		7	2
	15%茚虫威悬浮剂	4 000 倍液		5	2
烟粉虱	24%螺虫乙酯悬浮剂	1 500 倍液	应交替使用农药，在初发时用药，吡虫啉高温季节注意施用浓度，瓜类、豆类注意防止药害产生	1	3
	20%啶虫脒微乳剂	3 000 倍液		8	3
	70%吡虫啉水分散粒剂	7 000 倍液		7	3
	25%噻虫嗪水分散粒剂	8 000 倍液		5	4
	10%吡虫啉烟剂	300 克	阴雨天使用，对中小型棚较好，对连栋（体）大棚效果差，注意防止药害产生	7	2
红蜘蛛、茶黄螨	24%螺螨酯悬浮剂	4 000～6 000 倍液	设施栽培注意使用浓度，防止药害产生	7～10	3
	1.8%阿维菌素乳油	3 000 倍液	始发期用药	7	1
	43%联苯肼酯悬浮剂	3 000～5 000 倍液	持效期长，各生长期均可使用	7	2
	11%乙螨唑悬浮剂	5 000～7 000 倍液	对卵及幼、若螨高效	7	2
	20%丁氟螨酯悬浮剂	1 500 倍液	持效期长，各生长期均可使用	7	2
白粉病	25%吡唑醚菌酯乳油	2 000 倍液	发病初期用药	7～14	3～4
	30%醚菌酯·啶酰菌胺悬浮剂	1 000 倍液		10～14	3
	10%苯醚菌酯悬浮剂	3 000 倍液		3	2～3
	25%乙嘧酚干悬浮剂	800 倍液		7	2
	40%氟硅唑乳油	6 000～8 000 倍液		7～10	2
	40%腈菌唑可湿性粉剂	5 000～6 000 倍液		14	3

（续）

病虫害	剂型及含量 （通用名）	使用 浓度	备 注	安全 间隔期 （天）	每季最 多使用 次数
灰霉病	50%啶酰菌胺水分散粒剂	2 000 倍液	发病初期使用， 注意轮换用药	7	2
	30%嘧霉胺悬浮剂	1 000～ 2 000 倍液		5	2
	75%异菌·多·锰锌可湿 性粉剂	90～120 克		7	3
	25%啶菌噁唑乳油	2 500 倍液	发病初期使用， 注意轮换用药， 防止药害产生	3	2
	50%腐霉利可湿性粉剂	2 000 倍液	发病初期使用， 注意轮换用药， 防止药害（蔬菜 幼苗对腐霉利敏 感）	3	1
炭疽病	25%吡唑醚菌酯乳油	2 000 倍液	发病初期使用， 注意轮换用药	7～14	3～4
	60%唑醚·代森联水分散 粒剂	1 000 倍液		7～14	3～4
	45%咪鲜胺乳油	3 000 倍液		7	2
	20%烯肟·戊唑醇悬浮剂	1 500 倍液		5～14	2
	68.75%噁唑菌酮·锰锌水 分散粒剂	1 000 倍液		7～14	2
枯萎病	46.1%氢氧化铜水分散 粒剂	800 倍液	灌根，零星发 病兑水后浇根， 每穴浇 200 毫升	5	3
	20%络铜·络锌水剂	500～ 600 倍液		7	2
	1%申嗪霉素悬浮剂	500～ 1 000 倍液		7	2
	80%多·福美双可湿性 粉剂	800 倍液		7	2

病虫害	剂型及含量 （通用名）	使用 浓度	备　注	安全 间隔期 （天）	每季最 多使用 次数
立枯病 猝倒病	30%多菌灵·福美双可湿性粉剂	600倍液	苗床发病初期用药，阴雨天可拌干细土土表撒施防治病害	8～10	2
	68%精甲霜灵·锰锌水分散粒剂	600～800倍液		3	3
	64%恶霜·锰锌可湿性粉剂	500倍液		3	3
	80%代森锰锌可湿性粉剂	600倍液		15	2
病毒病	20%吗啉胍·乙铜可湿性粉剂	800倍液	治虫防病，与0.04%芸薹素内酯合用，可提高防效	7	4
	10%吗啉胍·羟烯水剂	1 000倍液	发病初期使用，可结合喷施叶面肥	7	2

附录3

豆类蔬菜常用农药索引

中文通用名	商品名称	主要防治对象
70%吡虫啉水分散粒剂	艾美乐	蚜虫、烟粉虱、蓟马、大青叶蝉
10%吡虫啉可湿性粉剂	千红、大功臣、蚜虱净	蚜虫、蓟马、大青叶蝉、烟粉虱、潜叶蝇
75%灭蝇胺可湿性粉剂	潜克	潜叶蝇
24%甲氧虫酰肼悬浮剂	美满	甜菜夜蛾、斜纹夜蛾、棉铃虫
2.5%高效氯氟氰菊酯乳油	天诺一号	肾毒蛾、大豆天蛾、桑褐刺蛾、豆小卷叶蛾、斜纹夜蛾、大造桥虫、短额负蝗、红褐斑腿蝗、斗蟋、蒙古灰象甲、蚕豆象
2.5%三氟氯氰菊酯乳油	功夫王	棉铃虫、桑褐刺蛾、毛胚夜蛾、烟粉虱
2.5%溴氰菊酯乳油	敌杀死	大豆卷叶螟、毛胚夜蛾、豆银纹夜蛾、豆荚螟、豆野螟、波纹小灰蝶、潜叶蝇
5.7%氟氯氰菊酯乳油	天王百树、劲树	斜纹夜蛾、甜菜夜蛾、肾毒蛾、大豆天蛾、豆小卷叶蛾、大造桥虫、短额负蝗、红褐斑腿蝗、斗蟋、蒙古灰象甲、螬类害虫
15%茚虫威悬浮剂	安打	甜菜夜蛾、斜纹夜蛾、棉铃虫
5%氟虫脲乳油	卡死克	斜纹夜蛾、甜菜夜蛾、潜叶蝇、豆银纹夜蛾
10%虫螨腈悬浮剂	除尽	斜纹夜蛾、甜菜夜蛾、棉铃虫
5%氟啶脲乳油	抑太保	豆荚螟、豆野螟、波纹小灰蝶
1%甲氨基阿维菌素苯甲酸盐乳油	力虫晶、菜健	斜纹夜蛾、甜菜夜蛾、棉铃虫、大造桥虫
0.6%阿维菌素乳油	灭虫灵	大豆卷叶螟、大豆天蛾、棉铃虫、豆银纹夜蛾、蚜虫、潜叶蝇、豆荚螟、豆野螟、波纹小灰蝶、蚕豆象

（续）

中文通用名	商品名称	主要防治对象
1%阿维菌素乳油	杀虫素	大豆卷叶螟、潜叶蝇、蚜虫、大豆天蛾、豆银纹夜蛾、红蜘蛛
10 亿 PIB/毫升苜蓿银纹夜蛾核型多角体病毒悬浮剂	奥绿 1 号	斜纹夜蛾、大造桥虫
73%炔螨特乳油	克螨特	红蜘蛛
15%哒螨灵乳油	扫螨净	红蜘蛛
75%百菌清可湿性粉剂	达科宁	炭疽病、褐斑病、灰斑病、细菌性疫病
70%甲基硫菌灵可湿性粉剂	威尔达甲托	炭疽病、褐斑病、灰斑病、褐叶病、菌核病、灰霉病、白粉病、枯萎病、斑点病、赤斑病、白星病
65%甲霜灵可湿性粉剂	菌必清	霜霉病、灰斑病
58%甲霜灵·锰锌可湿性粉剂	雷多米尔锰锌	霜霉病、灰斑病
68%精甲霜灵·锰锌水分散粒剂	金雷	霜霉病、黑斑病、斑点病
64%恶霜灵·代森锰锌超微可湿性粉剂	杀毒矾	霜霉病、黑斑病、角斑病
15%霜脲氰·锰锌悬浮剂	克露	霜霉病
80%代森锰锌可湿性粉剂	喷克、大生M-45	霜霉病、炭疽病、褐斑病、黑斑病、褐叶病、白星病
78%代森锰锌·波尔多液可湿性粉剂	科博	霜霉病、灰霉病、褐斑病、炭疽病、灰斑病、黑斑病、褐叶病、斑点病
70%代森联干悬浮剂	品润	霜霉病、炭疽病、黑斑病、叶斑病
70%丙森锌可湿性粉剂	安泰生	霜霉病、炭疽病、枯萎病
47%春雷·王铜可湿性粉剂	加瑞农	霜霉病、炭疽病、灰霉病、白粉病、细菌性疫病

（续）

中文通用名	商品名称	主要防治对象
77%氢氧化铜可湿性粉剂	可杀得	褐斑病、轮纹病、煤霉病、斑点病、细菌性疫病、角斑病
14%络氨铜水剂	普朗克、定格	褐斑病、煤霉病、轮纹病、枯萎病
20%噻菌铜悬浮剂	龙克菌	霜霉病、炭疽病、枯萎病、细菌性疫病、角斑病
15%三唑酮可湿性粉剂	粉锈宁	白粉病、锈病
50%醚菌酯干悬浮剂	翠贝	炭疽病、白粉病
25%嘧菌酯悬浮剂	阿米西达	霜霉病、炭疽病、黑斑病、叶斑病
40%氟硅唑乳油	福星	锈病、白粉病
50%烯酰吗啉可湿性粉剂	安克	霜霉病、斑枯病
25%咪鲜胺乳油	施保克	炭疽病、菌核病
25%咪鲜胺锰盐乳油	施保功	炭疽病、枯萎病、叶斑病
10%苯醚甲环唑水分散颗粒剂	世高	炭疽病、黑斑病、锈病、白粉病
50%乙烯菌核利干悬浮剂	农利灵	菌核病、灰霉病、黑斑病
40%嘧霉胺悬浮剂	施佳乐	灰霉病
50%异菌脲可湿性粉剂	扑海因	灰霉病、菌核病、褐斑病、黑斑病、褐叶病、白星病、赤斑病
50%腐霉利可湿性粉剂	速克灵	灰霉病、菌核病、煤霉病、斑点病
70%恶霉灵可湿性粉剂	绿亨1号	立枯病、猝倒病、炭疽病、枯萎病
2%宁南霉素水剂	菌克毒克	病毒病、白粉病
20%盐酸吗啉胍·乙酸铜可湿性粉剂	康润1号	病毒病、花叶病
1.5%十二烷硫酸钠·硫酸铜·三十烷醇乳剂	植病灵	病毒病、花叶病

蔬菜生产上禁止使用的农药

农药种类	农药名称	禁用范围	禁用原因
无机砷杀虫剂	砷酸钙、砷酸铅	所有蔬菜	高毒
有机砷杀菌剂	甲基胂酸锌（稻脚青）、甲基胂酸铵（田安）、福美甲胂、福美胂	所有蔬菜	高残留
有机锡杀菌剂	薯瘟锡（毒菌锡）、三苯基醋酸锡、三苯基氯化锡、氯化锡	所有蔬菜	高残留、慢性毒性
有机汞杀菌剂	氯化乙基汞（西力生）、醋酸苯汞（赛力散）	所有蔬菜	剧毒、高残留
有机杂环类	敌枯双	所有蔬菜	致畸
氟制剂	氟化钙、氟化钠、氟化酸钠、氟乙酰胺、氟铝酸钠	所有蔬菜	剧毒、高毒、易产生药害
有机氯杀虫剂	DDT、六六六、林丹、艾氏剂、狄氏剂、五氯酚钠、硫丹	所有蔬菜	高残留
有机氯杀螨剂	三氯杀螨醇	所有蔬菜	工业品含有一定数量的DDT
卤代烷类熏蒸杀虫剂	二溴乙烷、二溴氯丙烷、溴甲烷	所有蔬菜	致癌、致畸
有机磷杀虫剂	甲拌磷、乙拌磷、久效磷、对硫磷、甲基对硫磷、甲胺磷、氧化乐果、治螟磷、杀扑磷、水胺硫磷、磷胺、内吸磷、甲基异硫磷	所有蔬菜	高毒、高残留
氨基甲酸酯杀虫剂	克百威（呋喃丹）、丁硫克百威、丙硫克百威、涕灭威	所有蔬菜	高毒
二甲基甲脒类杀虫杀螨剂	杀虫脒	所有蔬菜	慢性毒性、致癌
拟除虫菊酯类杀虫剂	所有拟除虫菊酯类杀虫剂	水生蔬菜	对鱼、虾等高毒性
取代苯杀虫杀菌剂	五氯硝基苯、五氯苯甲醇（稻瘟醇）、苯菌灵（苯莱特）	所有蔬菜	国外有致癌报导或二次药害
二苯醚类除草剂	除草醚、草枯醚	所有蔬菜	慢性毒性

主 要 参 考 文 献

曹健，李桂花，等，2009. 豆类蔬菜生产实用技术［M］. 广州：广东科技出版社.

陈新，2012. 豆类蔬菜生产配套技术手册［M］. 北京：中国农业出版社.

丁超，2009. 图文精讲反季节豆类蔬菜栽培技术［M］. 南京：江苏科学技术出版社.

丁潮洪，华金谓，李汉美，等，2011. 菜豆新品种丽芸1号的选育［J］. 中国蔬菜（2）：105 - 106.

古瑜，韩启厚，等，2013. 种子处理和正确施药时间对菜豆炭疽病防治效果论文评述［J］. 中国蔬菜（8）：1 - 3.

何建清，2010. 丽水农作制度创新与实践［M］. 北京：中国农业出版社.

胡美华，何伯伟，任永源，等，2005. 四季豆高山夏秋季繁种技术［J］. 种子科技（2）：108 - 109.

胡于清，1998. 无公害蔬菜栽培新技术［M］. 北京：金盾出版社.

刘红，1994. 菜豆高产栽培［M］. 北京：金盾出版社.

刘建慧，章根儿，刘庭付，等，2010. 蔓生四季豆不同人工杂交技术初探［J］. 上海蔬菜（4）：23 - 24.

刘树生，等，1995. 蔬菜病虫草害防治手册［M］. 北京：中国农业出版社.

吕佩珂，2008. 中国现代蔬菜病虫原色图谱［M］. 呼和浩特：远方出版社.

聂楚楚，韩玉珠，等，2011. 中国菜豆育种研究进展［J］. 长江蔬菜（2）：1 - 5.

农业部全国农业技术推广中心，1995. 豆类蔬菜生产150问［M］. 北京：中国农业出版社.

石伟勇，1993. 蔬菜作物营养障碍的诊断与防治新技术［M］. 杭州：浙江科学技术出版社.

汪柄良，2000. 南方大棚蔬菜生产技术大全［M］. 北京：中国农业出版社.

汪李平，黄树苹，等，2007. 蔬菜科学施肥［M］. 北京：金盾出版社.

王迪轩，2014. 豆类蔬菜优质高效栽培技术问答 ［M］. 北京：化学工业出版社.

王运兵，2005. 生物农药 ［M］. 北京：中国农业科学技术出版社.

魏艳敏，2007. 生物农药及其应用技术问答 ［M］. 北京：中国农业大学出版社.

吴会昌，2012. 棚室豆类蔬菜生产关键技术 ［M］. 北京：化学工业出版社.

吴学平，程春涛，等，2013. 丽芸 1 号菜豆及山地越夏栽培 ［J］. 中国蔬菜（17）：28 - 29.

杨维田，刘立功，等，2011. 豆类蔬菜 ［M］. 北京：金盾出版社.

于开亮，2006. 豆类蔬菜 ［M］. 北京：中国农业大学出版社.

喻昌发，邢凤根，罗宗火，等，2011. 菜豆大棚栽培技术 ［J］. 中国果菜（11）：18 - 20.

赵洪璋，1981. 作物育种学 ［M］. 北京：农业出版社.

赵建阳，2008. 蔬菜标准化生产技术 ［M］. 杭州：浙江科学技术出版社.

郑华美，等，2000. 瓜类豆类蔬菜施肥技术 ［M］. 北京：金盾出版社.

郑永利，朱金星，等，2005. 豆类蔬菜病虫原色图谱 ［M］. 杭州：浙江科学技术出版社.

郑云林，2004. 菜豆 ［M］. 北京：中国农业科学技术出版社.

周新民，1999. 无公害蔬菜生产 200 题 ［M］. 北京：中国农业出版社.